KB232292

빛깔있는 책들 103-7

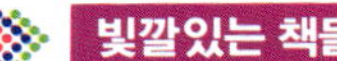
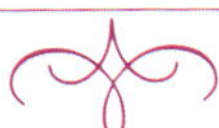

경주 남산 (둘)

글/윤경렬 ● 사진/김구석, 윤열수

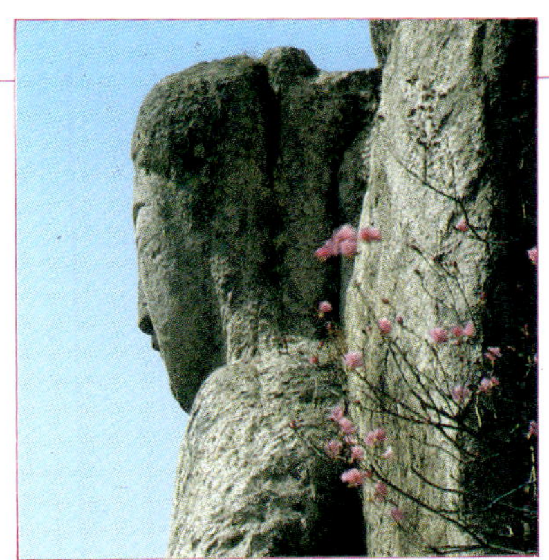

대원사

윤경렬 ─────────────

함북 주을 출생으로, 제2회 동아
햇님어린이보호 부문 수상과 제11
회 외솔상을 수상했다. 저서로「불
교 동화집」「경주 남산 고적 순례」
「신라 이야기」「신라의 아름다움」
등이 있다.

김구석 ─────────────

부처님 마을 사무국장이며 경주
군청에 근무하고 있다.

윤열수 ─────────────

동국대학교 사학과 대학원을 졸업
하였다. 삼성출판사 박물관 학예연
구원을 거쳐 현재 가천박물관 학
예연구실장으로 있다. 저서로「한
국의 호랑이」「통도사의 불화」가
있다.

경주 남산(둘)

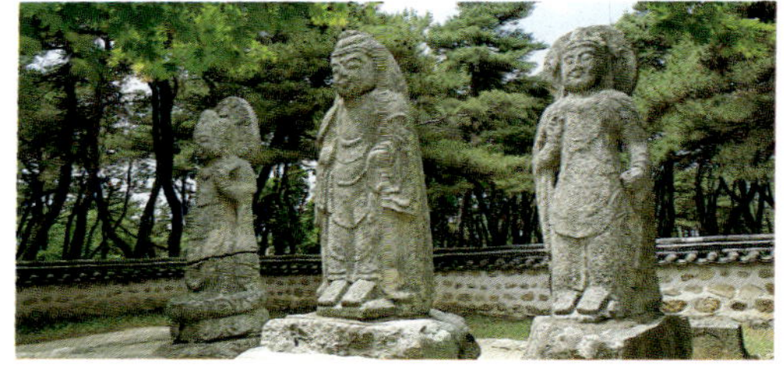

사진으로 보는 경주 남산(둘)

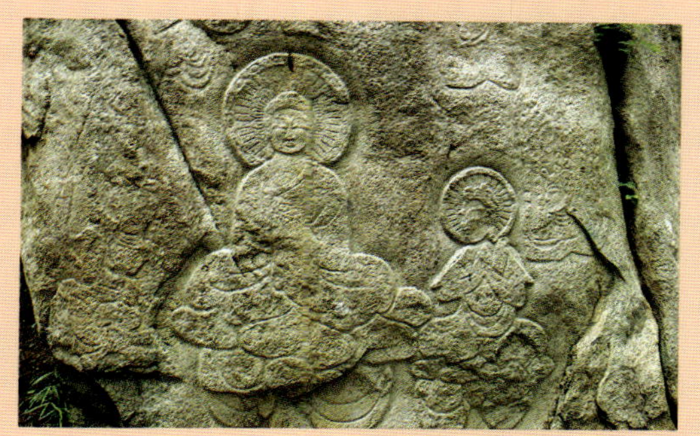

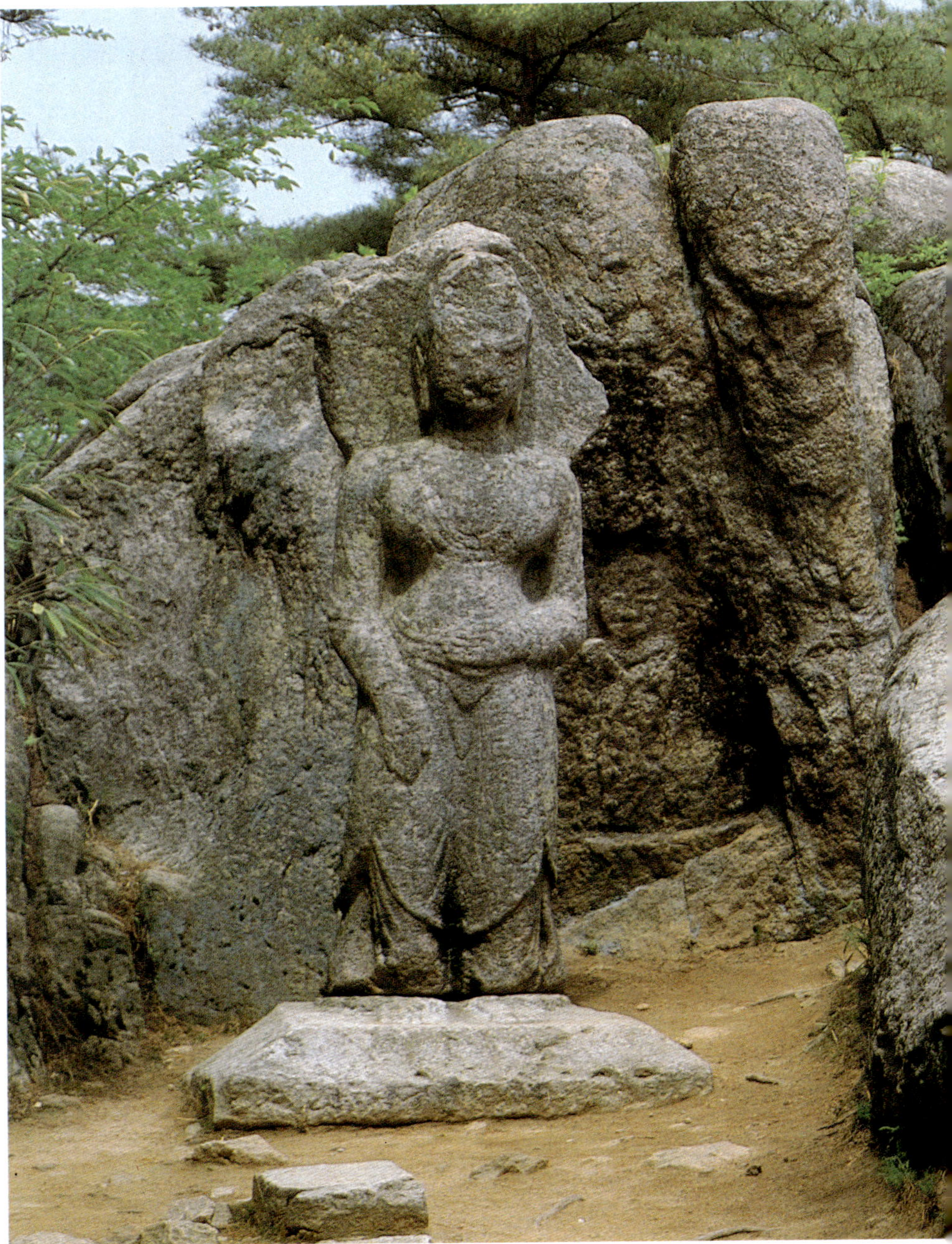

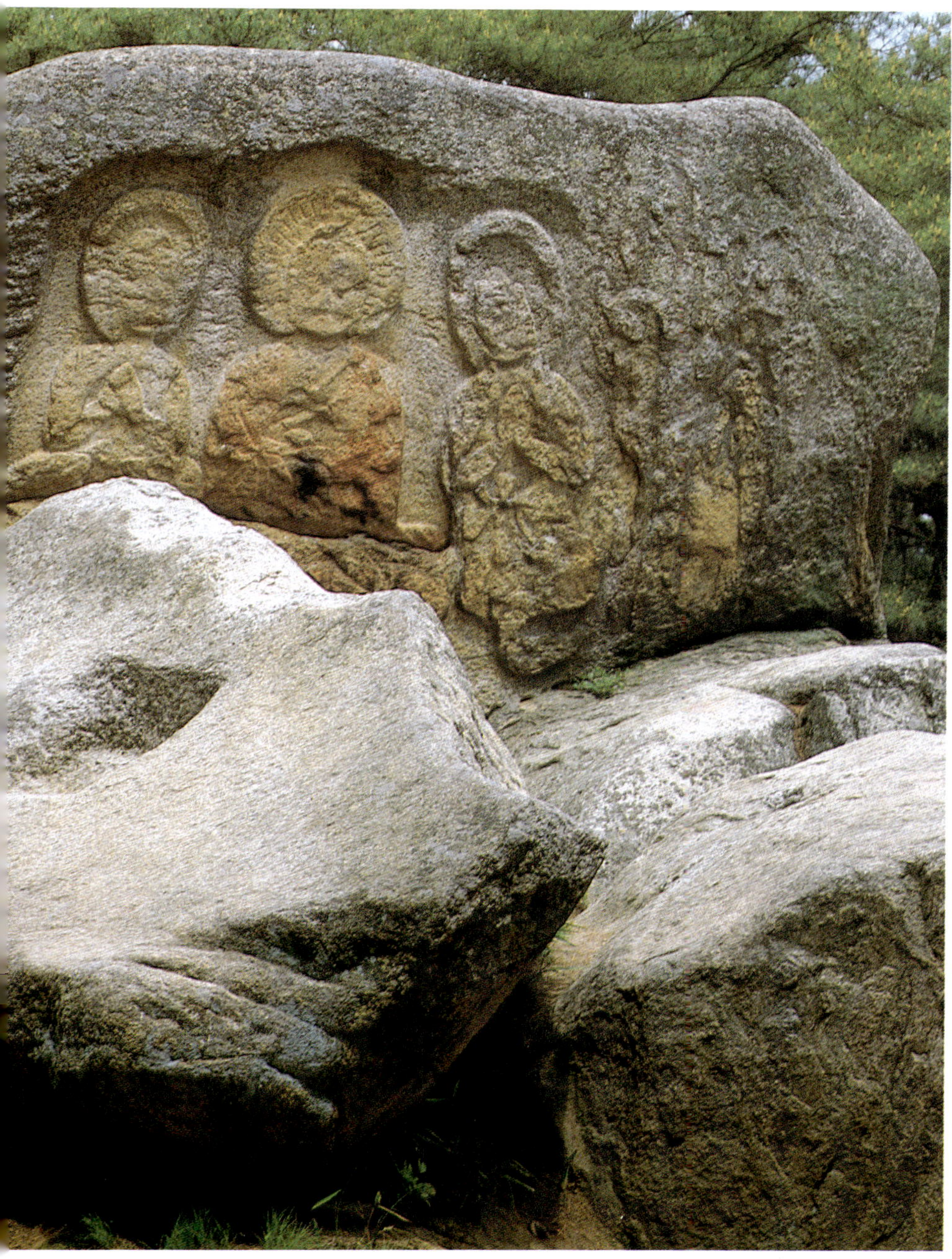

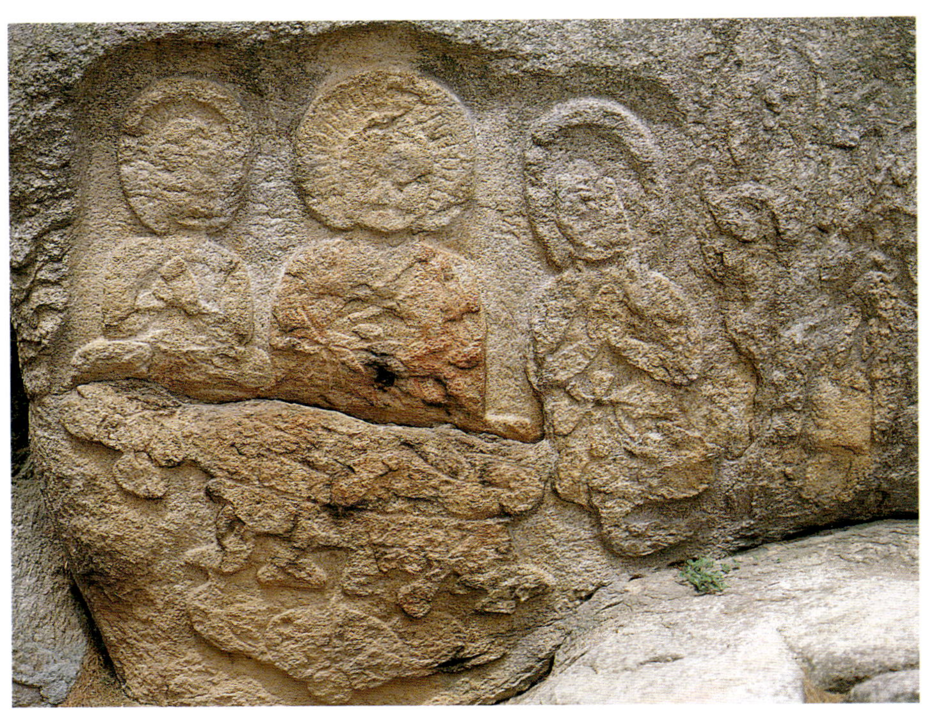

부처바위　남산 전망대 부근에서 북동쪽으로 흐르는 계곡을 탑골이라 부른다. 골어귀
　　에서 조금 들어가 언덕 위에 삼층 석탑이 서 있기 때문이다. 이 탑 옆에는 높이가
　　10여 미터 되고 둘레가 30미터 가량 되는 큰 바위가 있는데 사면에 많은 불교 조각
　　이 새겨져 있어 마을 사람들은 부처바위라 부른다. 사진은 부처바위 남면 전경이다.
　　(앞)
부처바위 남면 삼존상　부처바위 남면은 높은 지대에 있기 때문에 바위 윗부분만 지상
　　에서 2.7미터 높이로 솟아 있다. 이 바위면에 얇은 조각이라 마멸이 심하여 세밀한
　　선을 찾기 힘들지만 경쾌한 솜씨의 삼존상이 새겨져 있다.(왼쪽)
여래 입상　부처바위 남면의 서쪽 바위 앞에 선 입체불이다. 대석에는 발만 새겨져
　　있고 발목 이상은 한 개의 돌로 새겨졌다. 이 불상은 얇은 돋을새김의 바위에 굳세고
　　풍성한 입체상을 세움으로써 전체에 생동감을 주는 공간적인 효과를 지니고 있다.
　　(오른쪽)

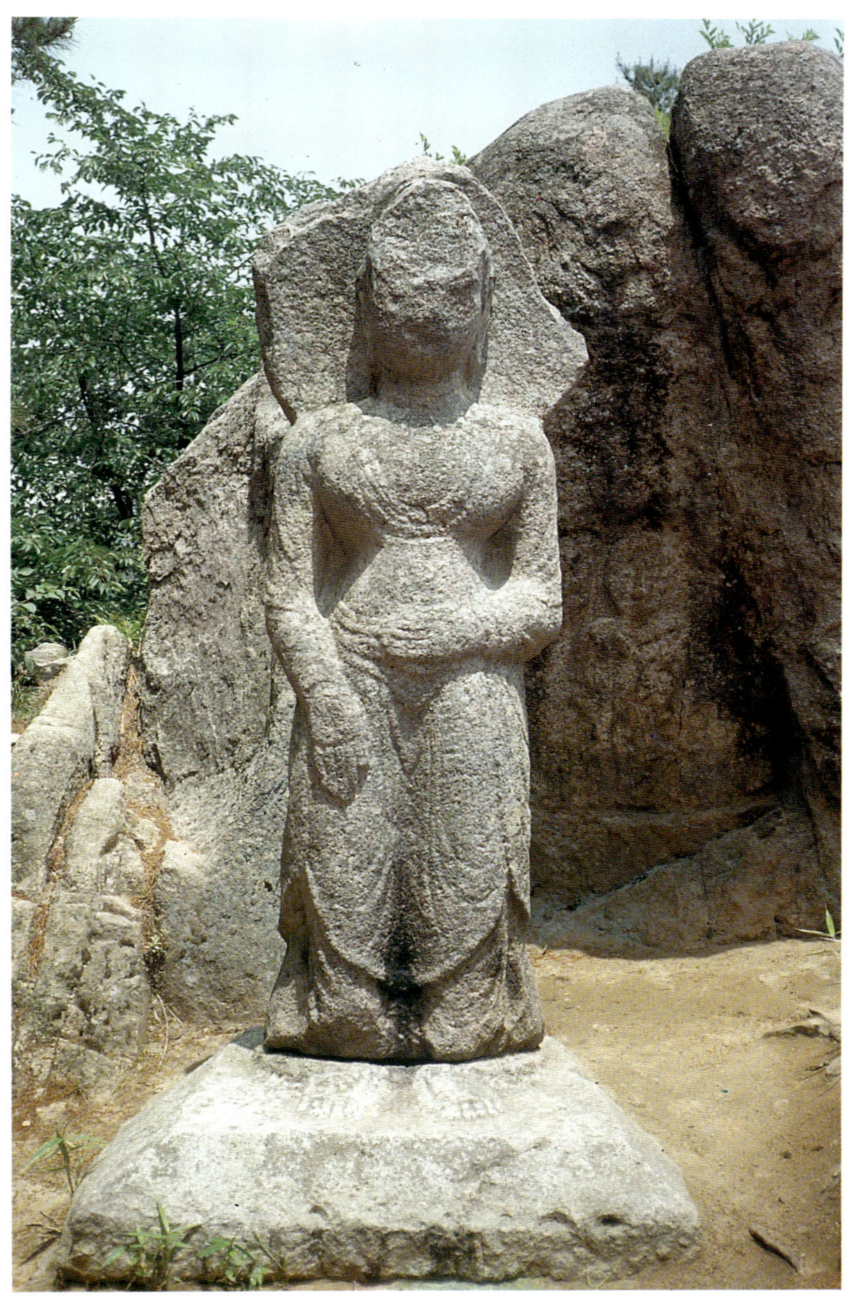

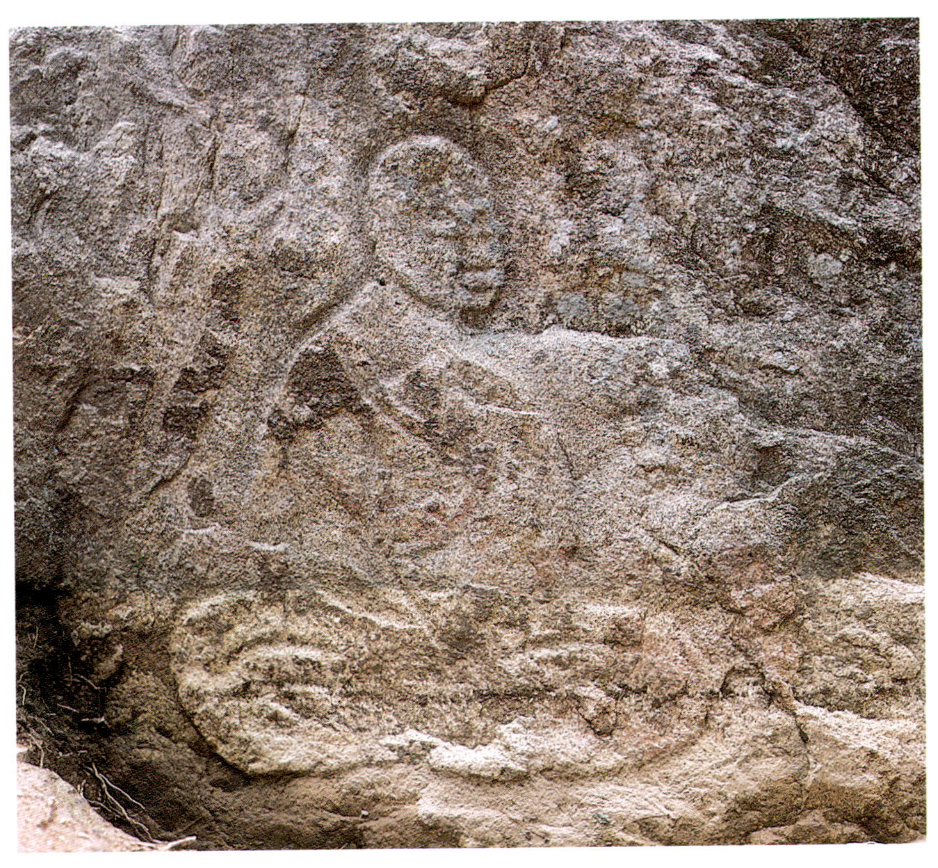

부처바위 남면 스님상   삼층탑을 향해 앉은 이 스님은 부처바위의 주지스님으로 생각
될 만큼 사실적으로 표현했다.

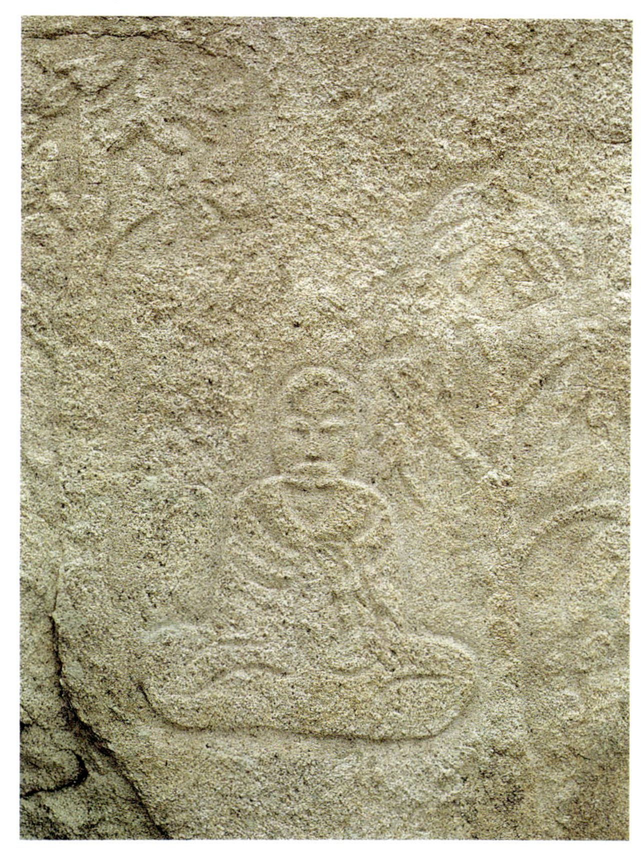

선정에 든 스님　부처바위 동면 암벽 중앙에는 두 그루의 나무 아래에 선정(禪定)에 든 스님이 새겨져 있다. 두 그루의 나무가 인도에 있는 반야나무나 망고나무같아 보이는 것으로 미루어 이 상은 인도에 가서 구법한 어느 스님의 이야기가 아닐까?

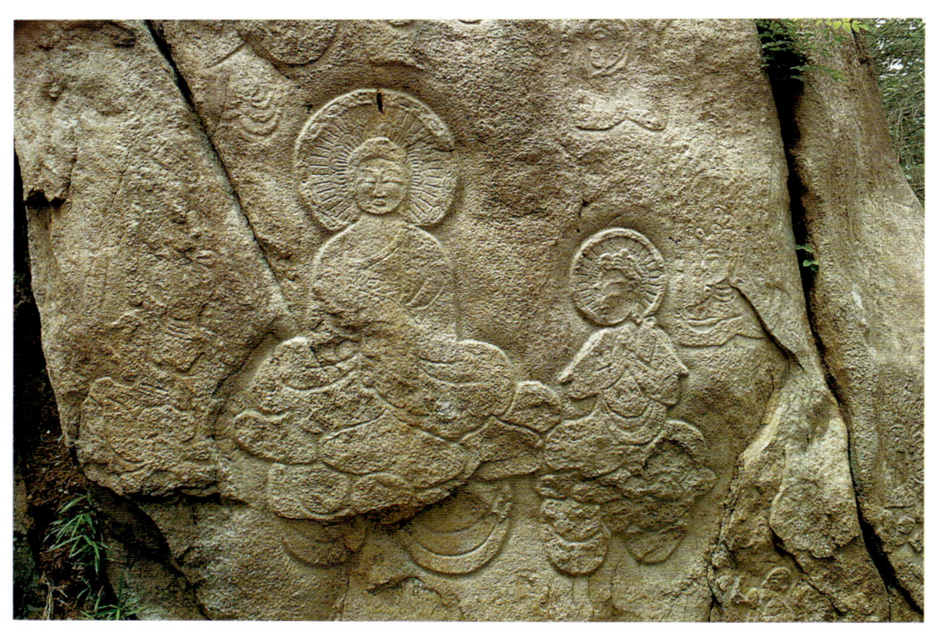

부처바위 동면 부처바위에서 가장 넓은 암면은 동면이다. 비탈진 벼랑이라 남쪽은 높고 북쪽은 낮으므로 바위 면은 북쪽이 높고 남쪽이 낮게 반대로 되어 있다. 따라서 높은 쪽은 높이 10여 미터 되고, 낮은 쪽은 높이 2.5미터 가량 되는 커다란 삼각형을 이루는 면이 된다. 바위 면은 셋으로 구분되는데 제일 넓은 북쪽 면에 극락세계의 환상이 새겨져 있고, 가운데에는 나무 아래에서 선정에 든 나한상이 새겨져 있다. 또 그 남쪽 면에 한 스님이 앉아 있는 상이 있는데 위는 암벽 북쪽 부분에 새겨진 극락정토의 아미타 삼존이다.

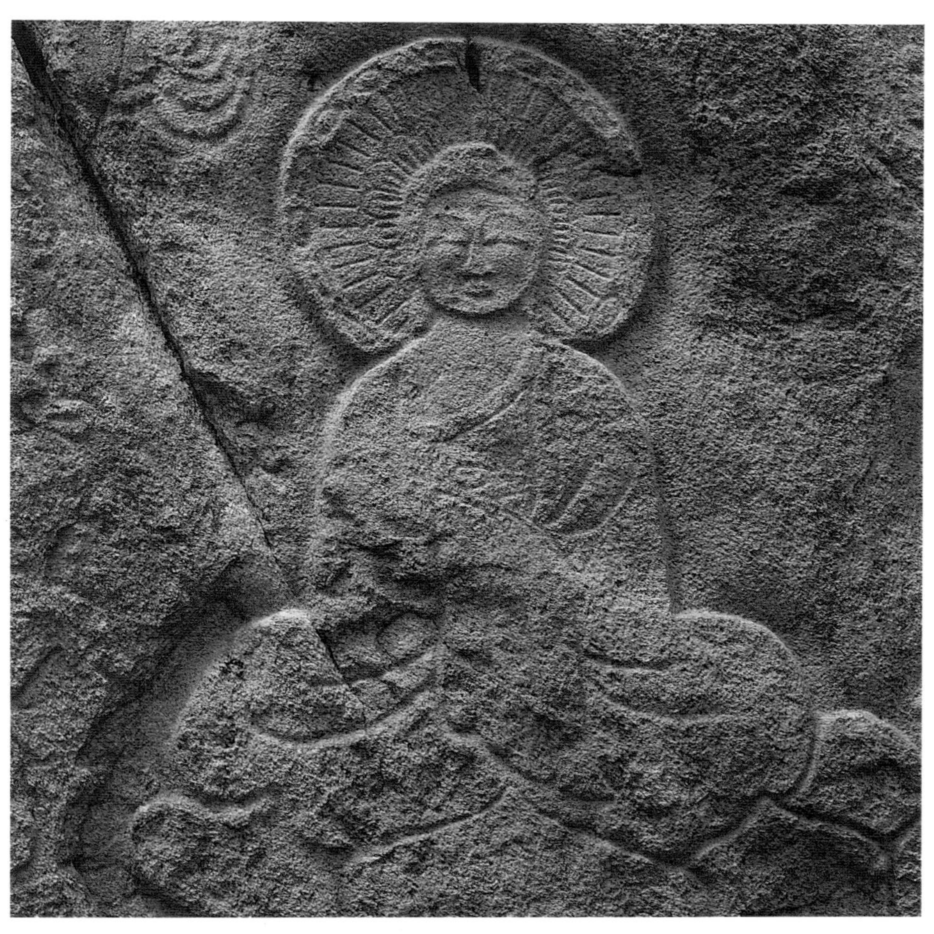

본존여래상　부처바위 동면 아미타여래 삼존의 본존상이다. 초생달같이 가늘게 휘어진 긴 눈썹, 갸름한 코, 가늘게 뜬 눈의 윗시울은 곡선으로 그어졌고 아랫시울은 직선으로 그어져 눈가에 화사한 웃음을 지니게 하였다.

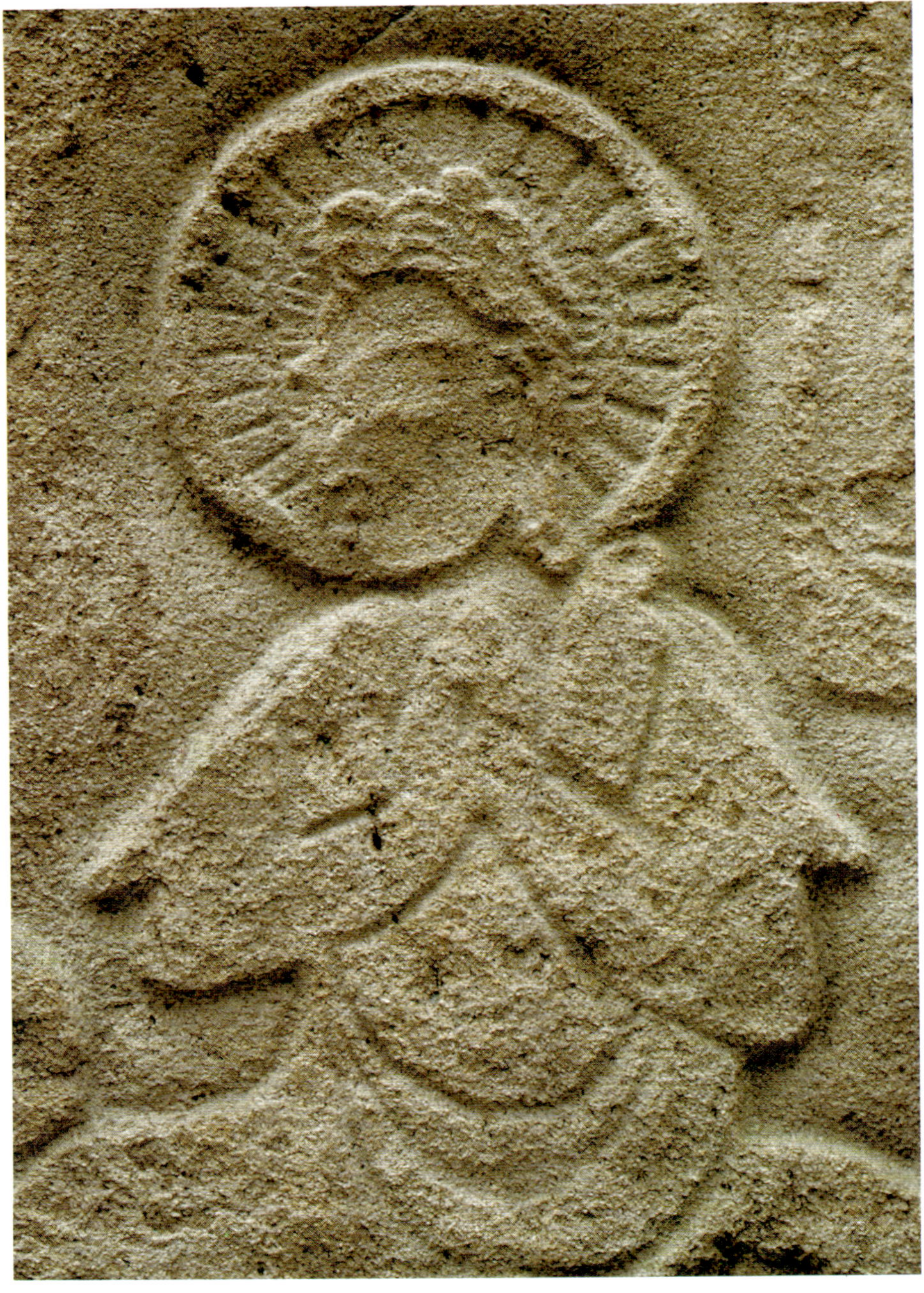

협시보살 부처바위 동면 아미타 삼존의 협시보살로 왼쪽에 앉은 관세음보살이다.
도드라져야 할 뺨을 반대로 파 내어 광선에 의해 돋아 나와 보이게끔 하였다.(왼쪽)
사자 불국정토를 지키는 성스러운 짐승인 사자는 부처바위 북면에 새겨졌는데, 위는
입을 벌리고 오른발로 힘차게 땅을 디딘 동쪽 사자이다. 아래는 서쪽 사자로, 입을
다물고 오른발을 들어 올리고 있는데 꼬리가 매우 복잡하다. 서쪽 사자는 목에 긴
털이 많은 것으로 보아 숫사자로 여겨지고 동쪽 사자는 암사자로 여겨진다.(오른쪽)

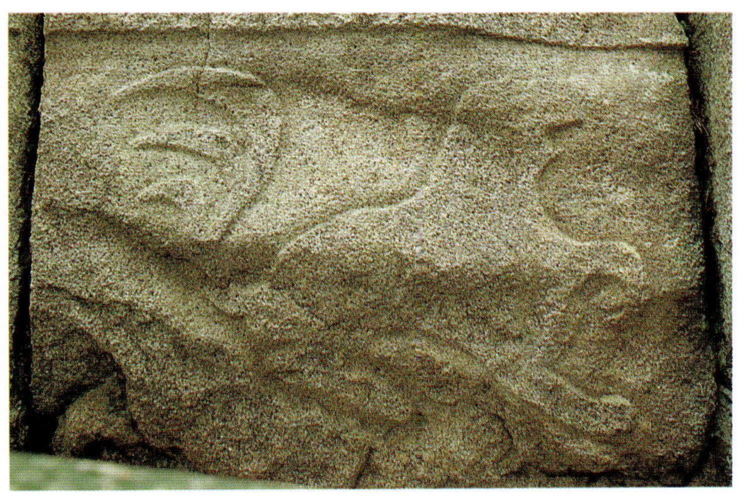

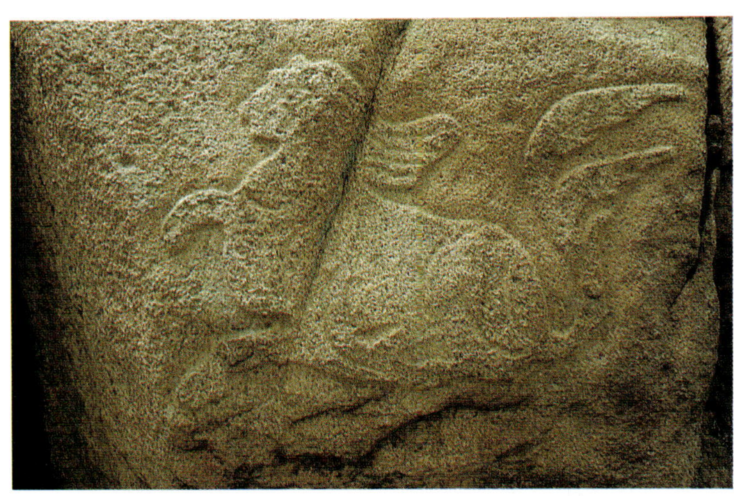

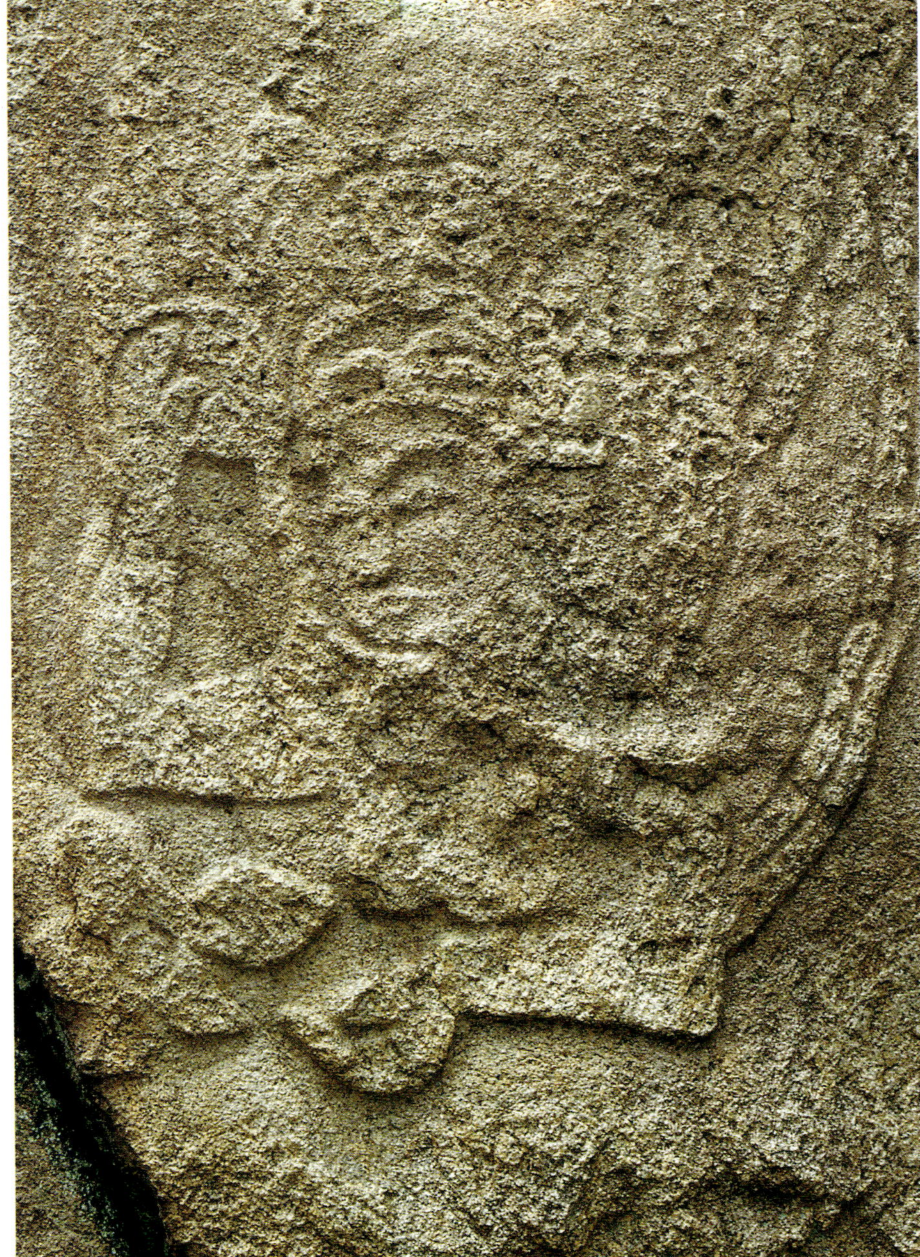

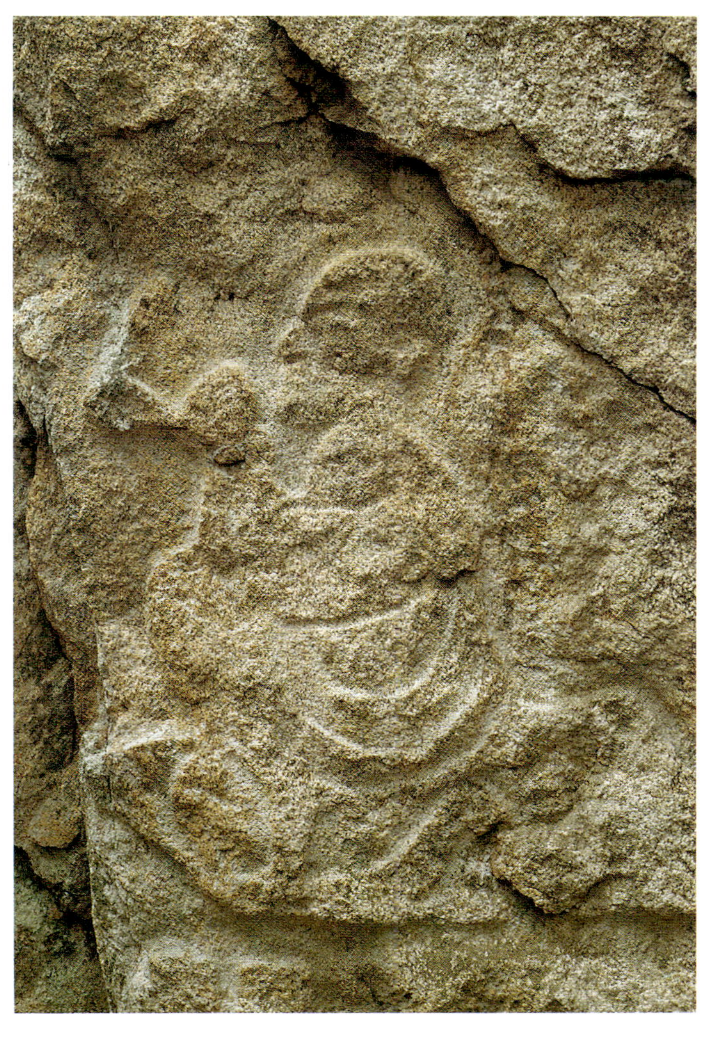

부처바위 비천상 아름다운 천녀들이 하늘을 날면서 음악을 연주하거나 꽃을 뿌리는
  모습은 부처님의 정토를 찬미하는 것이다.(왼쪽)
스님상 향을 공양하는 스님의 모습으로, 부처바위 동쪽 바위 면의 왼쪽 아래 아미타
  삼존을 맞이하는 경건함을 보여 준다.(오른쪽)

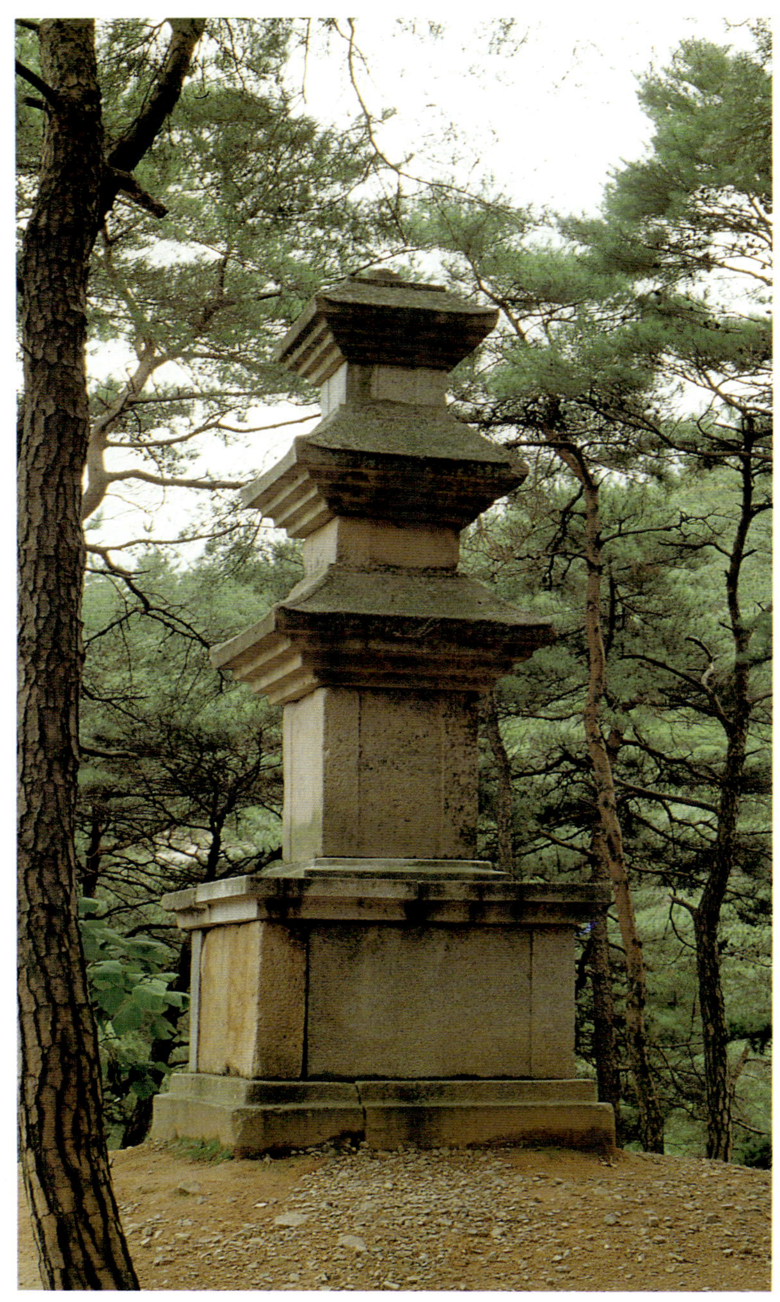

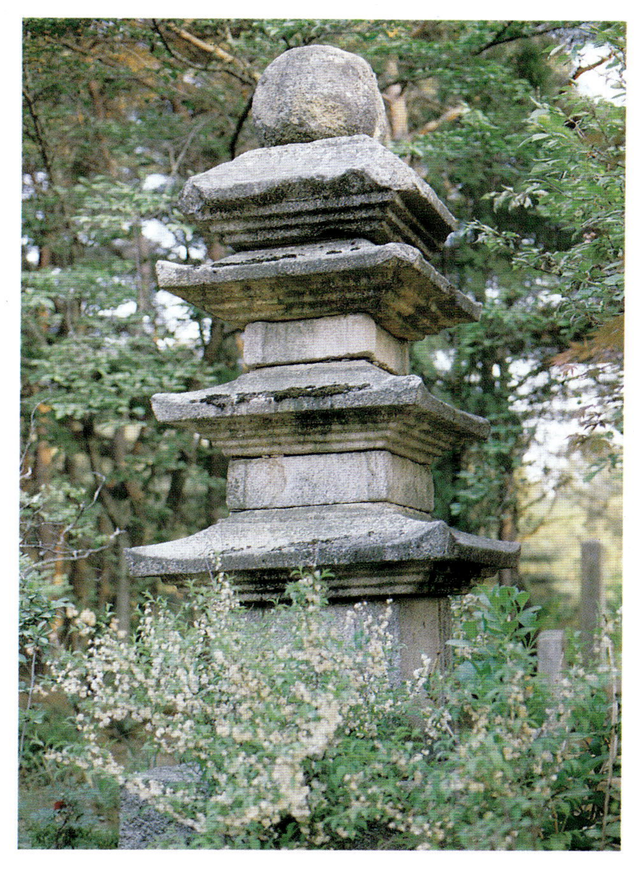

탑골 삼층 석탑　이곳이 화엄불국이라는 것을 알리려는 듯, 가장 높은 언덕에 삼층 석탑이 등대처럼 서 있다. 이 탑으로 인해 부처바위가 선 계곡을 탑골이라 부른다. (왼쪽)

탑재들　삼층 석탑 일대에는 많은 탑이 있었다. 그 석재들을 모아 쌓아 놓은 탑이다. 탑 아래 돌난간, 기둥돌도 있다.(오른쪽)

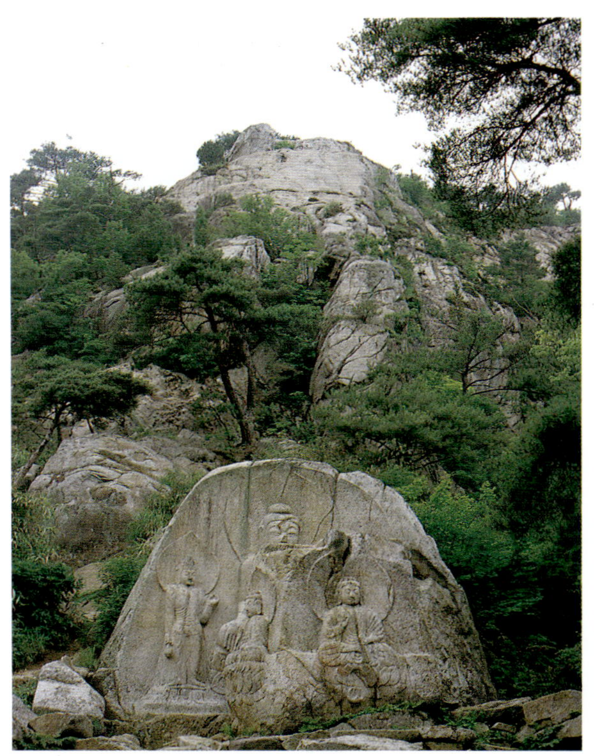

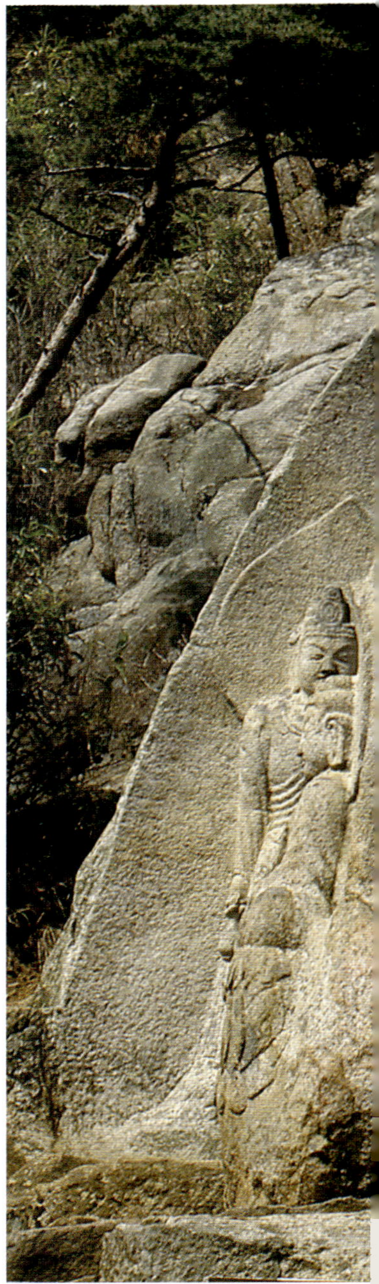

칠불암 가파른 산비탈을 평지로 만들기 위해서 동쪽과 북쪽으로
높이 4미터 가량 되는 돌축대를 쌓아 불단을 만들었다. 이 위에
사방불을 모셔두었는데, 1.74미터의 간격을 두고 병풍바위에 삼존
대불이 새겨져 있다. 이 삼존불과 사방불을 합치면 모두 칠불이
되는데, 이곳에는 분명 신라시대에 큰 절이 있었겠지만 이제는 절
이름조차 알 길이 없어 칠불암이라 부르고 있다.

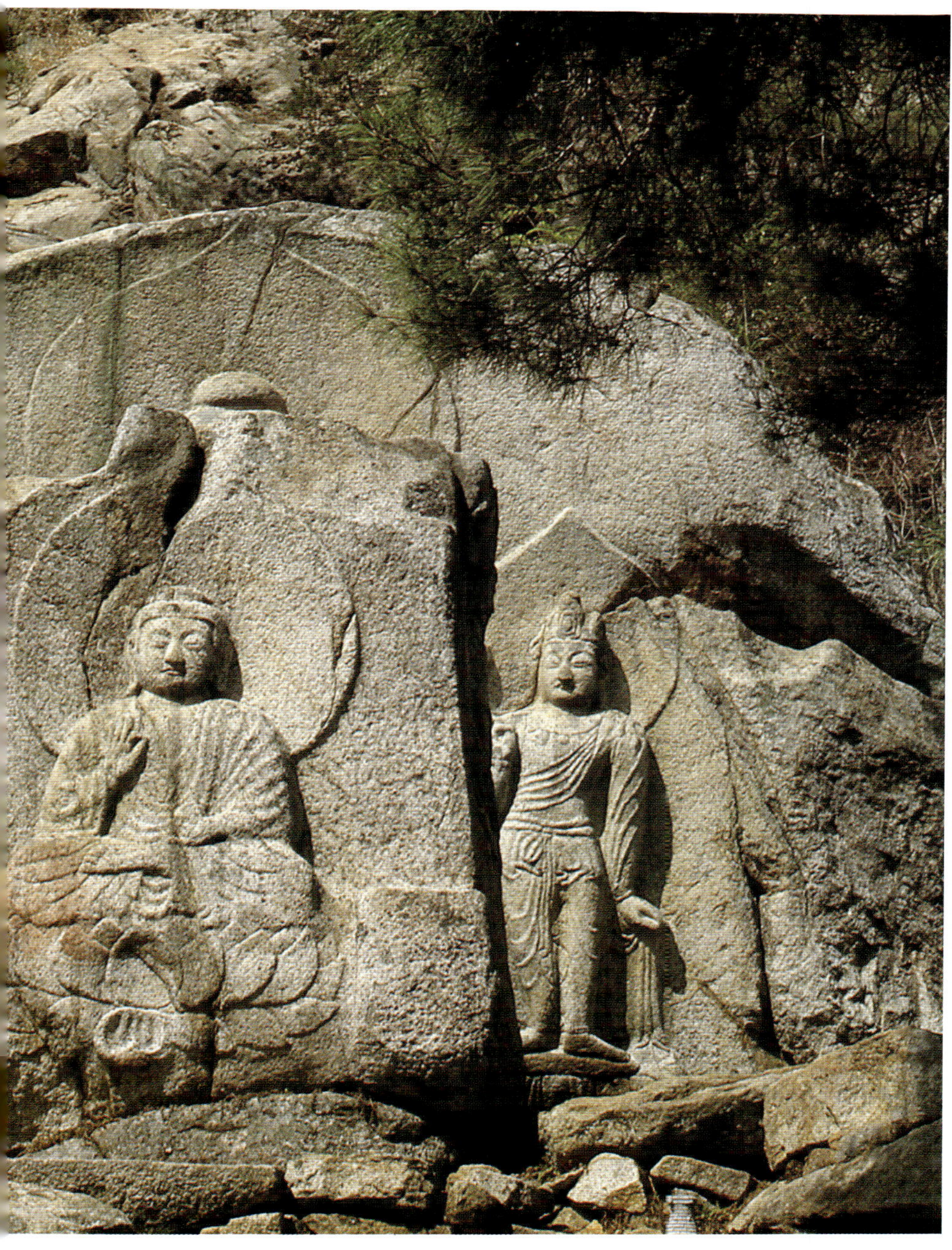

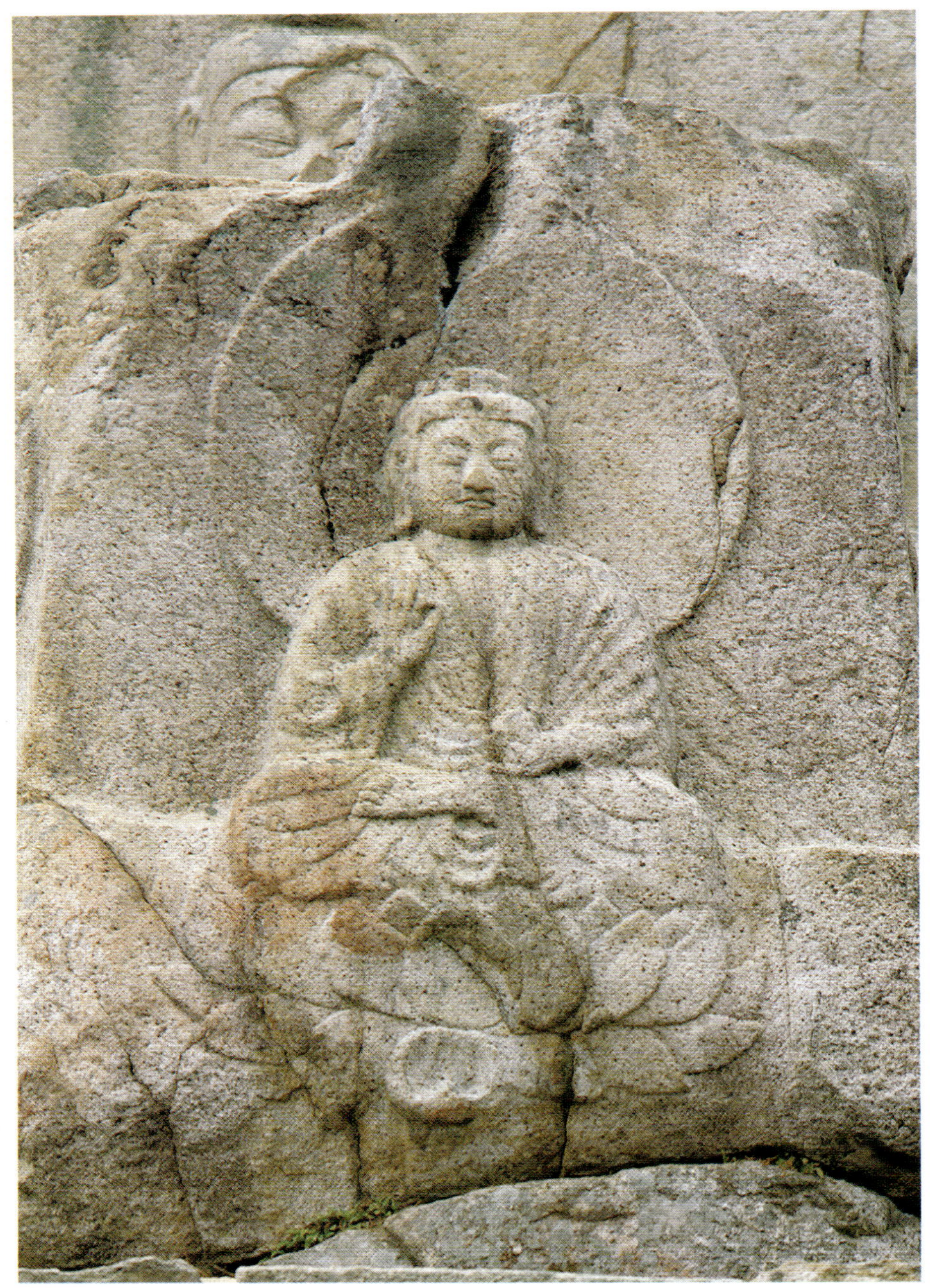

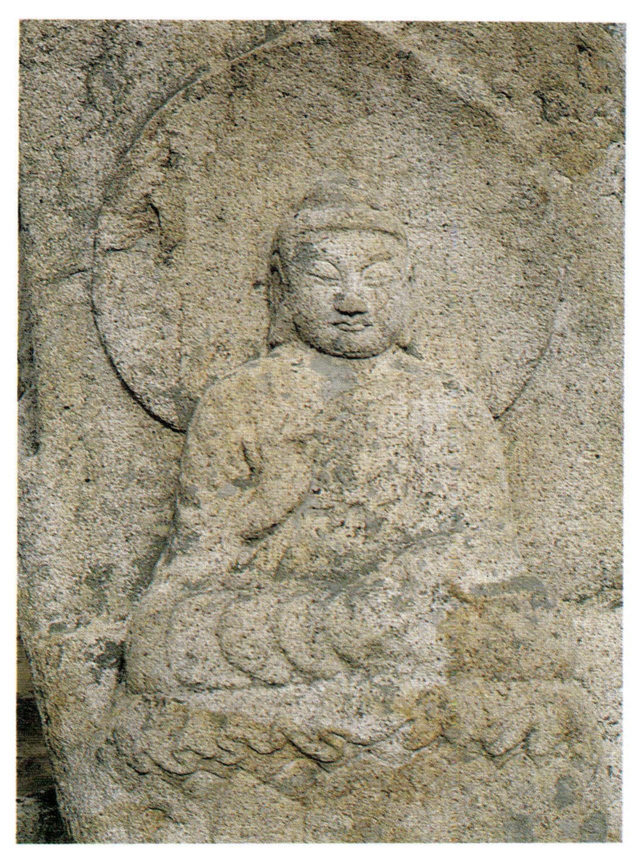

칠불암 사방불 약사여래상 삼존대불 앞에 사각형 바위를 세워 면마다 부처를 새겨 사방불을 나타내었다. 정면으로 보이는 불상이 동방 약사여래상이다.(왼쪽)

보생여래상 칠불암 사방불 남면에 새겨진 남방 환희세계의 보생여래상이다. 옷자락이 연화 대좌를 덮고 있는 것은 이 불상들이 삼국시대의 영향에서 벗어나지 않고 있다는 것을 보여 준다.(오른쪽)

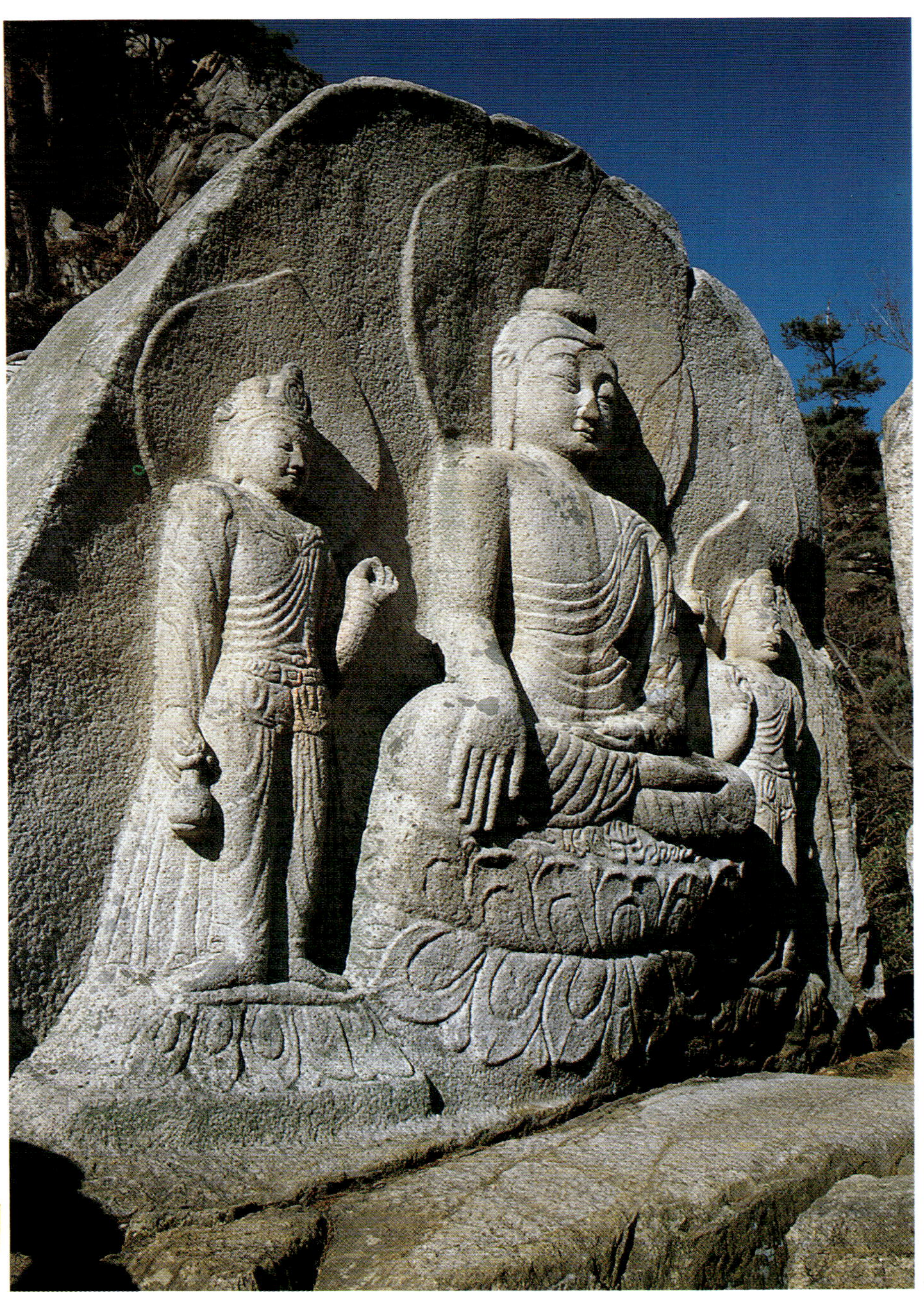

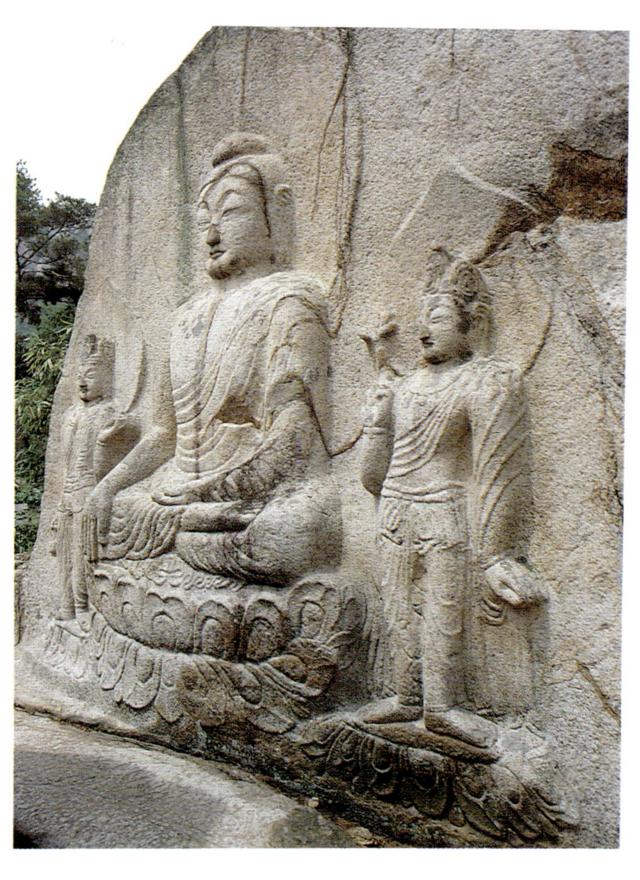

칠불암 일광삼존불　　하나의 광배에 삼존이 나타난 불상을 일광삼존(一光三尊)이라 한
다. 금동불에서 주로 보이던 이러한 형식의 불상은 7세기 중엽부터는 마애불로 나타
나게 되었다. 그 중 선도산, 벽도산, 칠불암 삼존불 들이 대표적인 마애 일광삼존불이
다.

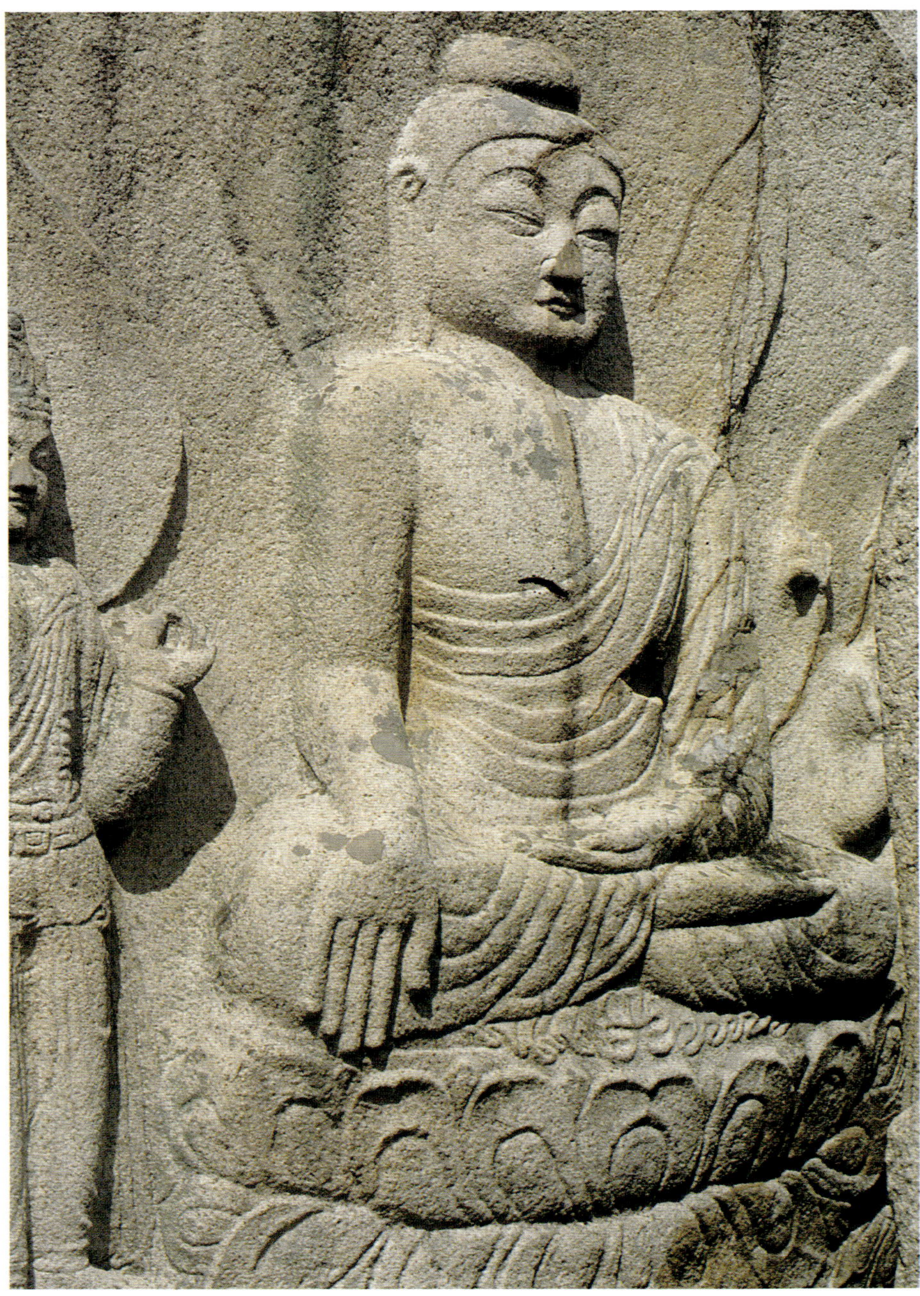

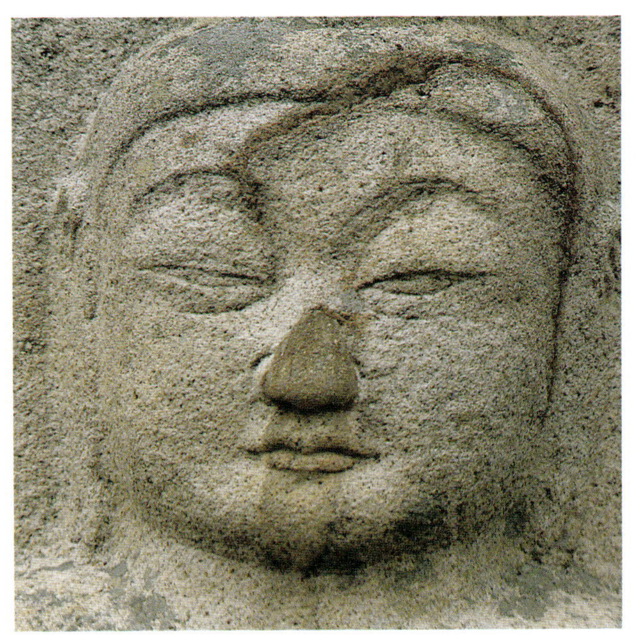

칠불암 일광삼존불 본존여래 두 겹으로 핀 넓은 연꽃 위에 결가부좌하여 당당한 자세다. 넓은 어깨는 위엄 있게 펴고 눈초리가 조금 치켜오른 두 눈은 먼 앞을 내다보며 촉지항마인을 하여 마귀의 항복을 받는 성도(成道)하시는 순간의 모습이다. 이 부처님의 기상에는 삿된 것은 절대로 용서치 않을 엄격한 위엄이 넘치고 있다.
오른쪽은 이 불상의 얼굴로 반달 같은 눈썹, 약간 치켜진 눈, 굳게 다문 입은 부처님의 위엄을 더욱 강조한다.

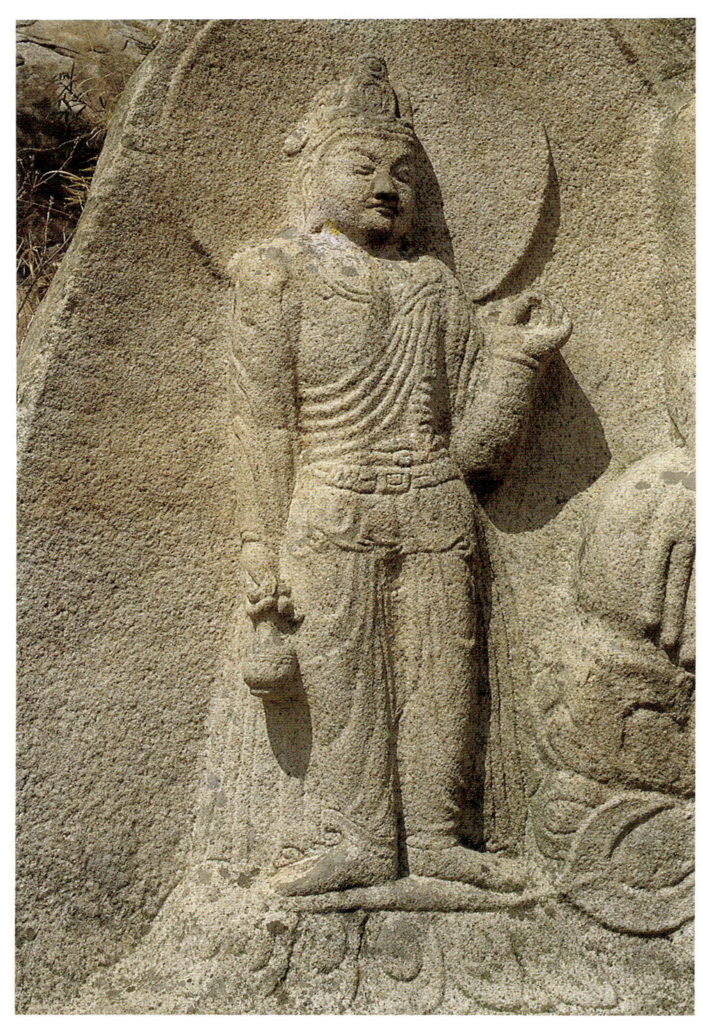

칠불암 일광삼존불 우협시보살 본존 대좌의 복련꽃과 같은 연꽃 대좌 위에 서서 오른
손은 아래로 내려 정병을 들었고 왼손은 엄지와 중지를 대어 가슴에 들고 있다. 물병
을 든 것은 괴로운 사람을 구하겠다는 약속이고 손가락을 가슴에 댄 것은 중생에게
설법하는 모습이다.

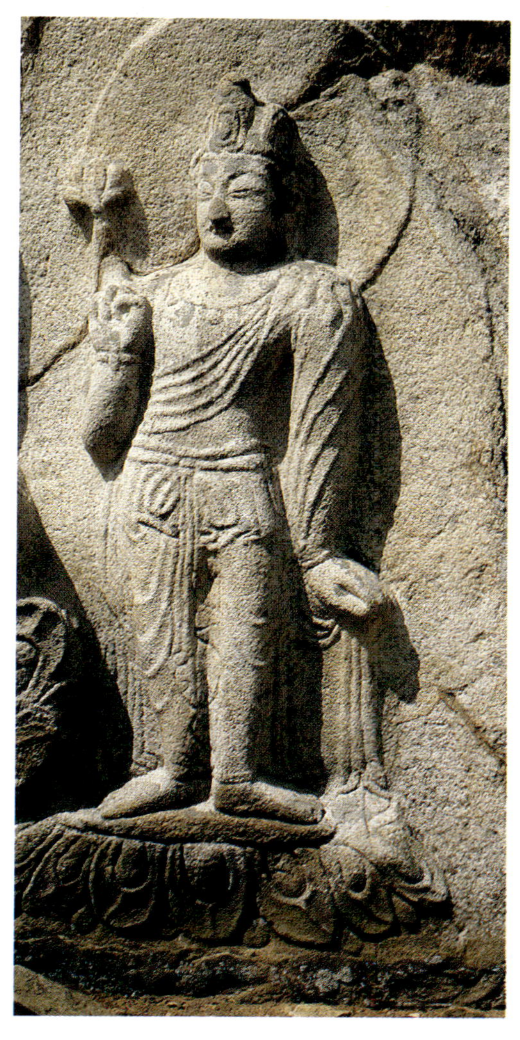

칠불암 일광삼존불 좌협시보살 큰 복련꽃 대좌에 서서 오른손은 보상연화를 들어 가슴에 올리고 왼손은 아래로 내려 천의 자락을 살며시 들고 있다. 연꽃을 든 것은 흙탕물 속에서도 오염되지 않는 연꽃처럼 깨끗한 마음으로 서상을 제도하겠다는 이 보살의 약속이다.

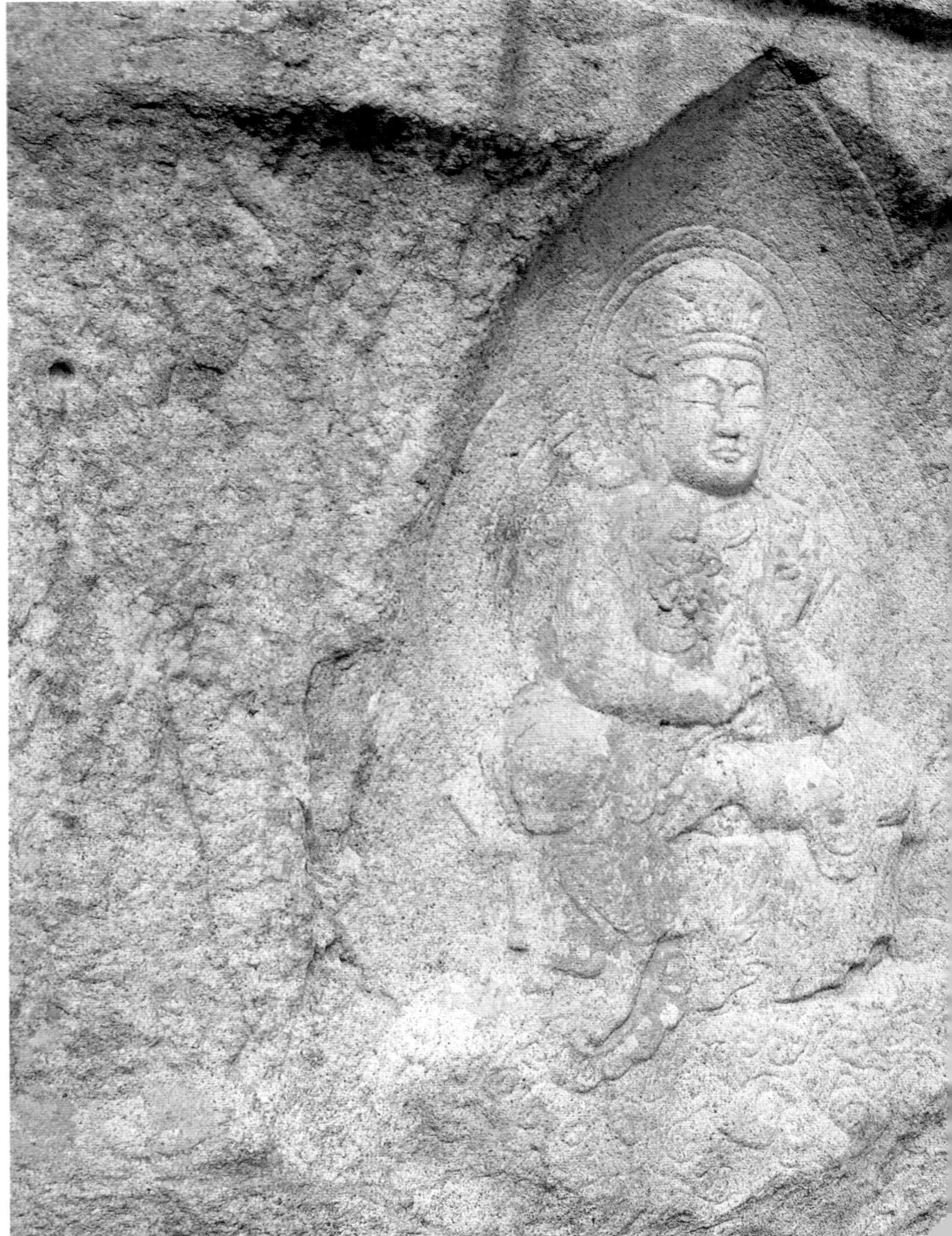

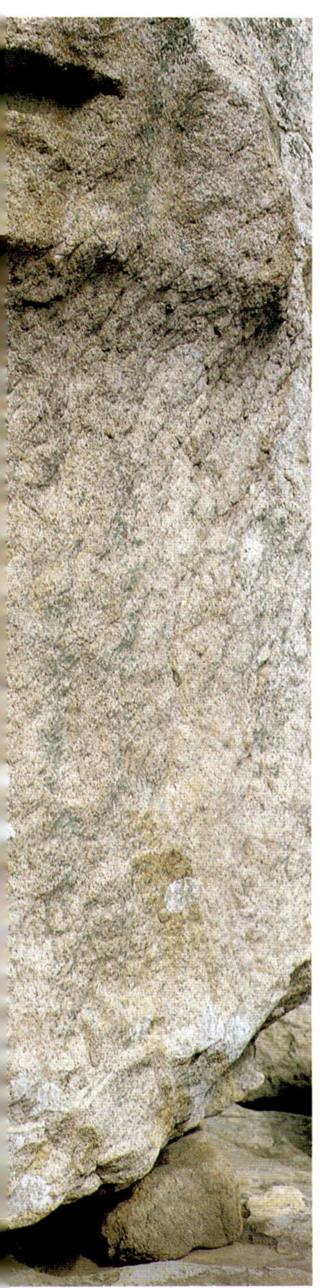

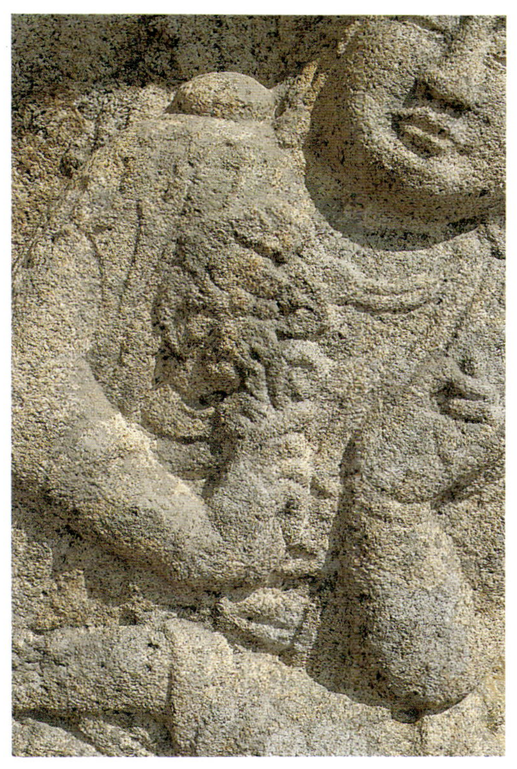

신선암 마애보살 유희좌상　결가부좌한 자세에서 한 발을 내려 놓고 편안히 앉은 자세를 유희좌라 한다. 이 보살상은 이런 자세로 구름을 타고 내려오는 모습이다. 지금 이곳에 신선암이라는 암자가 있어 신선암 보살상이라 부르고 있지만 원래는 칠불암에 예속되었던 불상이었을 것이다. 부드럽고 화려한 조각 솜씨로 보아서 8세기 후반 작품일 것으로 추정된다.

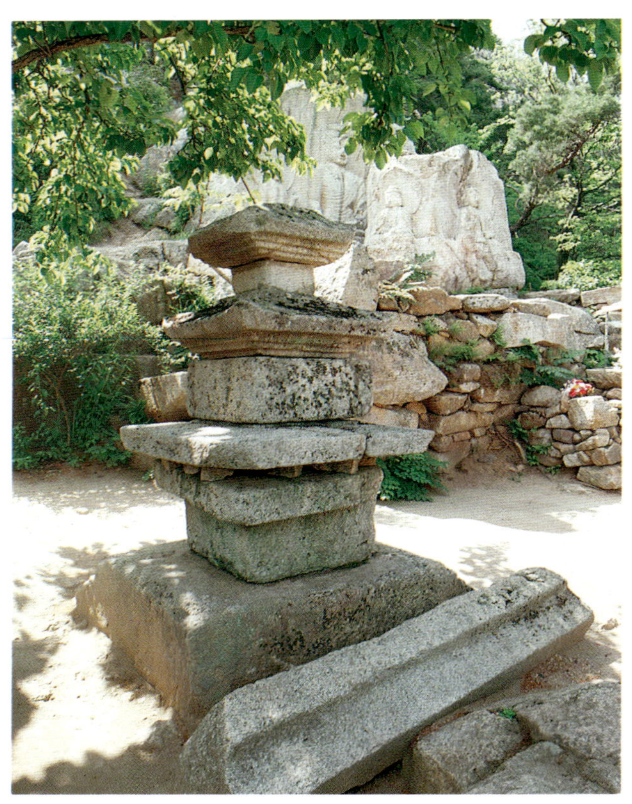

칠불암 탑재들　칠불암에는 몇 개의 석탑이 있었다. 흩어진 탑재를 쌓아 놓은 부근에
토막난 장대석도 보인다.(왼쪽 위)

칠불암 대석편　칠불암으로 오르기 위해 계단을 밟노라면 12지신상이 새겨진 대석을
본다. 어떤 석조물을 세웠던 대석편으로 짐작된다.(오른쪽 위)

칠불암 석등대석　정사각형 위에 직선형의 연꽃이 새겨진 석등대석도 통일신라 초기의
모습을 보여 준다.(오른쪽 아래)

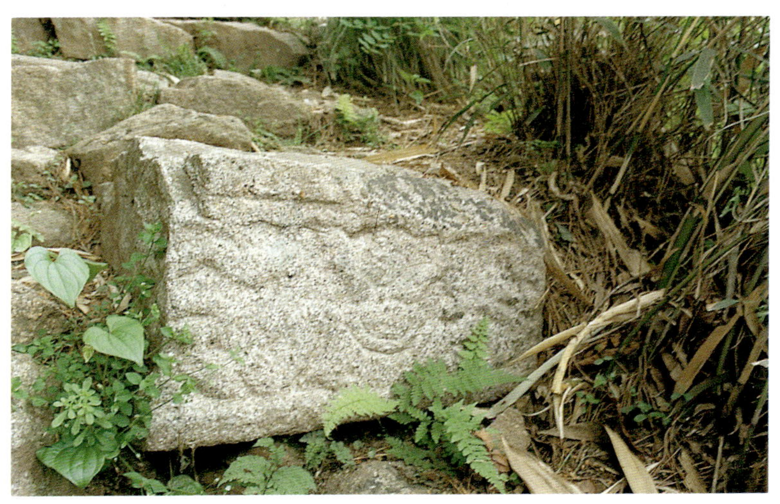

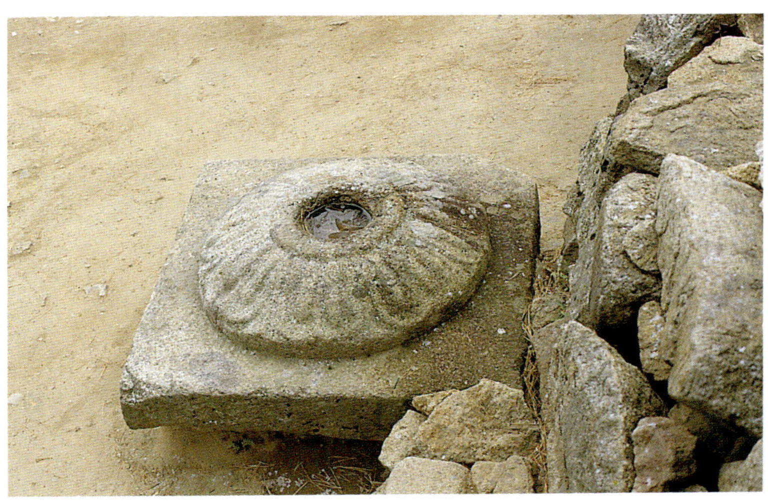

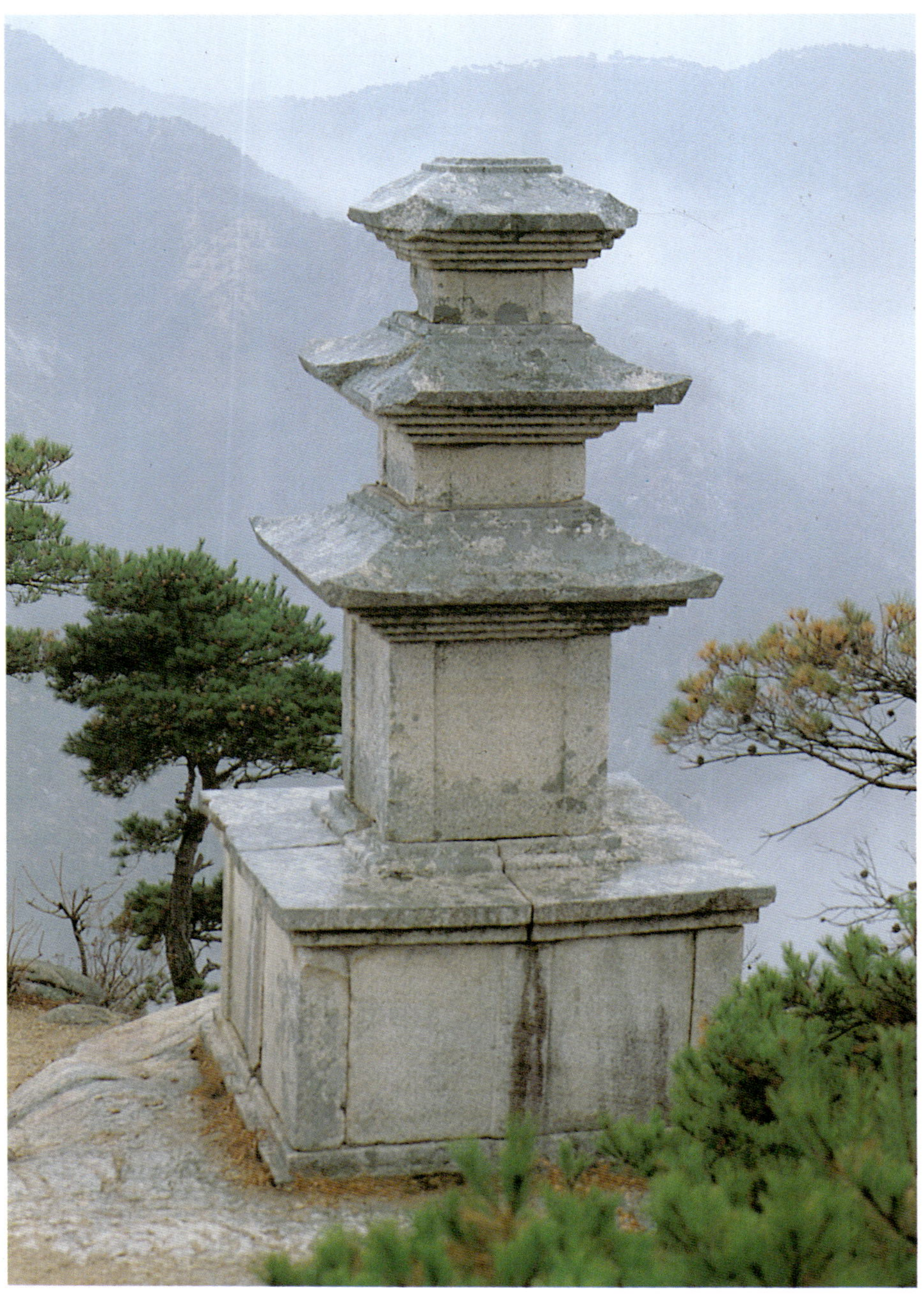

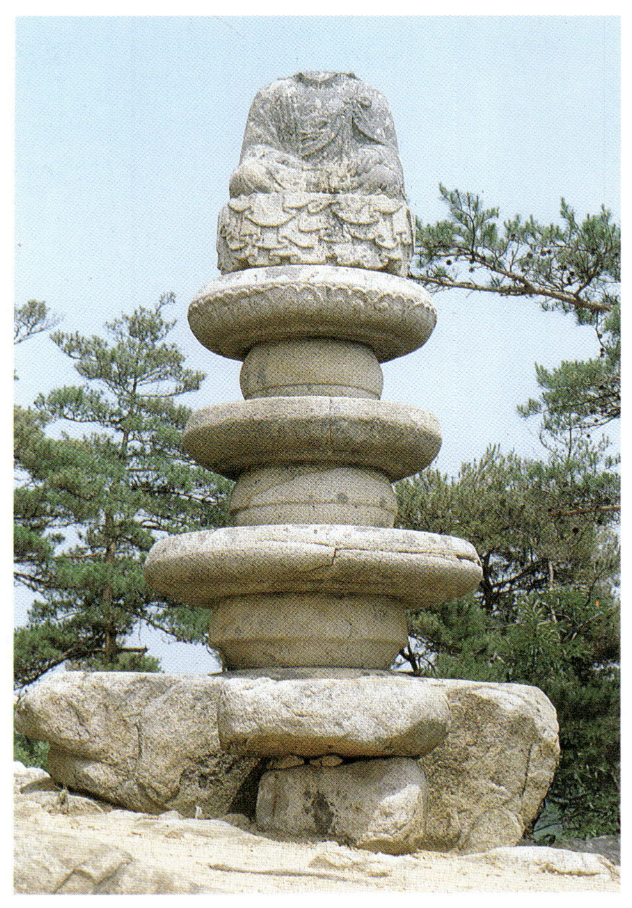

용장사 탑 계곡에서 약 200미터나 되는 높은 바위산을 하층 기단으로 삼고 그 위에 상층 기단을 쌓아 옥신과 옥개를 얹어 3층탑을 쌓았다.(왼쪽)

용장사 삼륜대좌불 북 모양으로 생긴 기둥돌 세 개와 쟁반 모양으로 된 둥글고 넓은 반석을 사이사이 서로 바꾸어 3층으로 쌓은 대좌 위에 결가부좌한 부처를 모셔 놓았다.(오른쪽)

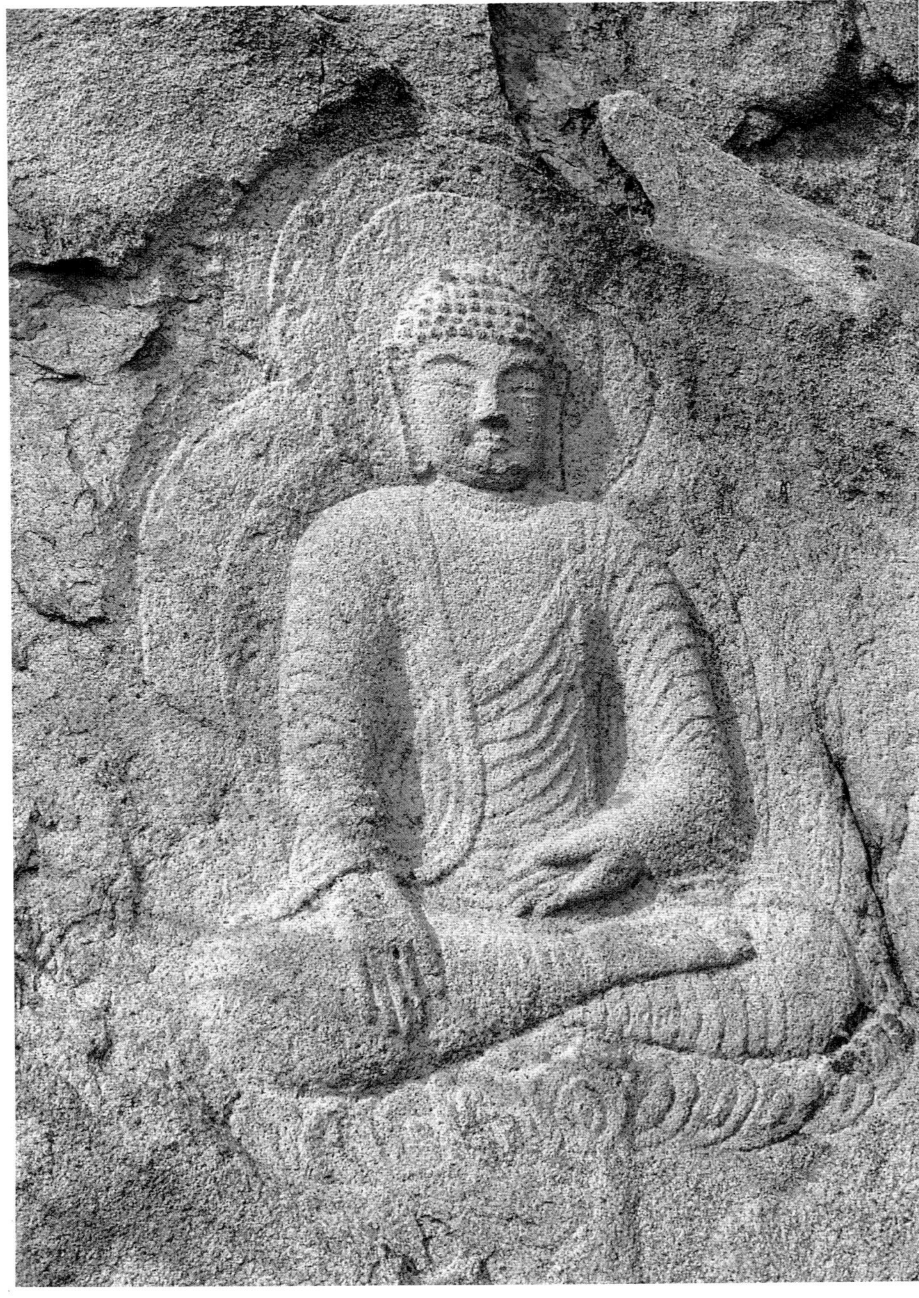

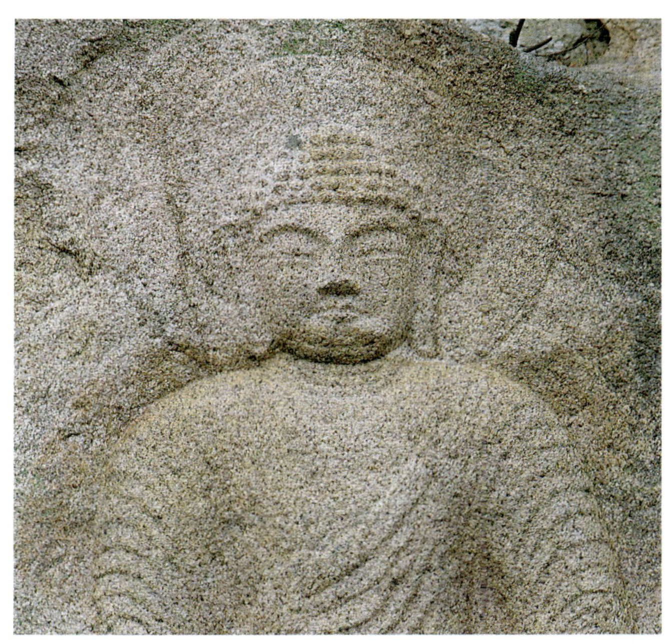

용장사 마애 석가여래 좌상 용장사의 삼륜대좌불 동쪽에는 높이 5.5미터, 나비 3.6
미터 되는 깎아 다듬어 놓은 듯한 절벽 바위 면이 남쪽으로 향하여 있다. 이 바위 벽면
에 부처님을 새겼는데 넓게 핀 연꽃 위에 촉지항마인상을 하고 결가부좌한 석가여래
상이다. 오른쪽은 여래상의 정면 부분으로 반달 같은 눈썹과 긴 코, 굳게다문 입 등에
서 시대적 특징을 잘 나타내고 있다.

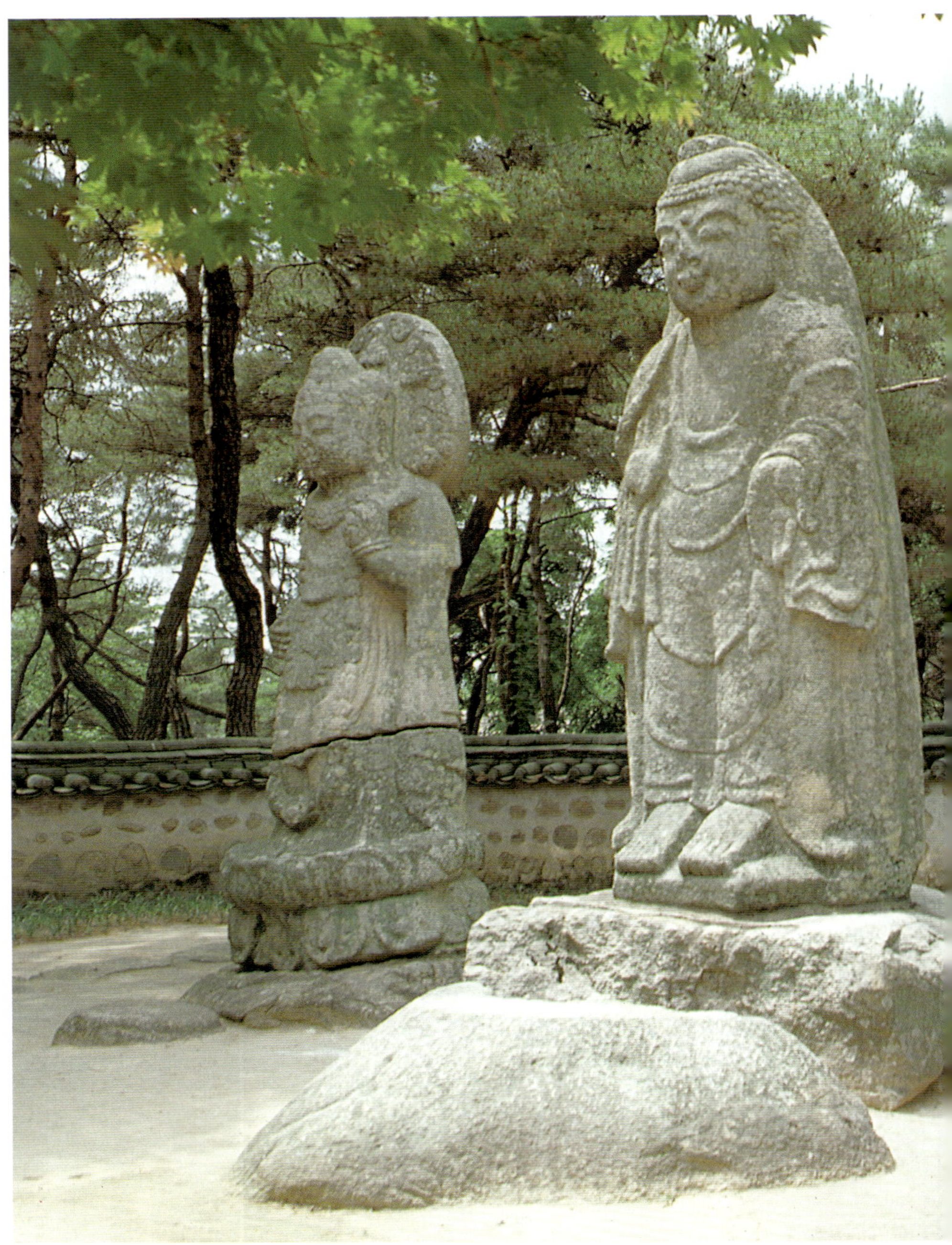

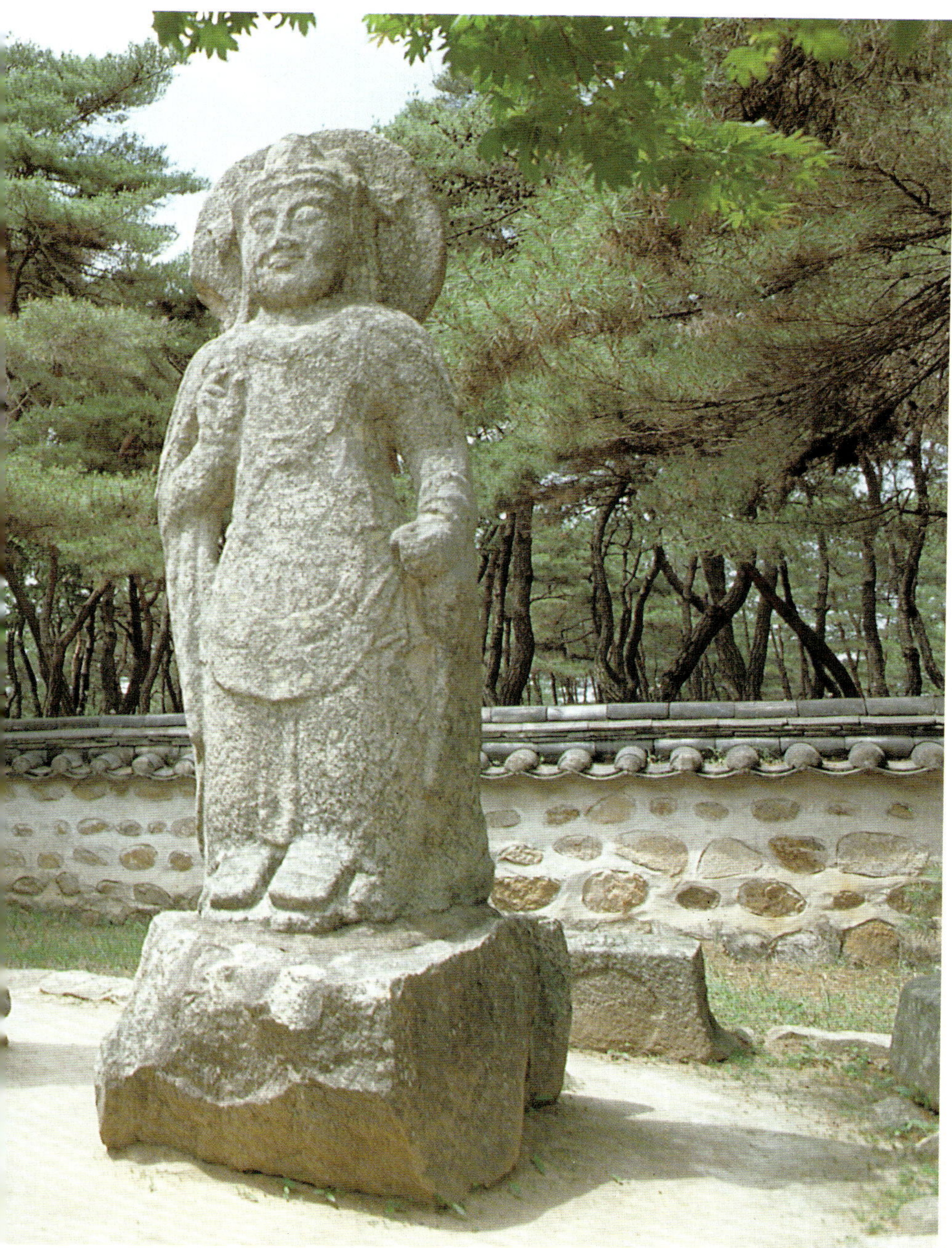

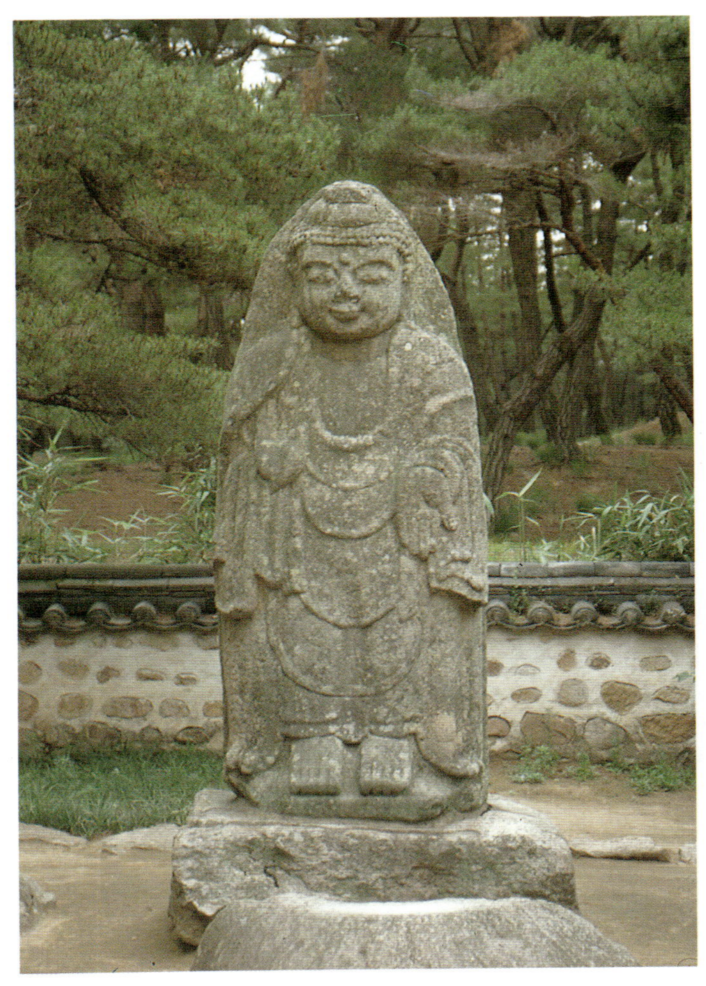

배리 삼존불 경주에서 남산 서쪽 기슭으로 5킬로미터쯤 가면 선방사(禪房寺) 터에 삼존
석불이 있다. 이 불상들은 넘어져 있던 것을 1923년에 다시 세워 놓은 것이다.(앞)
배리 삼존불 본존여래상 이 불상의 표정에는 부처라는 위엄도 없고 거룩한 자비도 느낄
수 없다. 우리 겨레의 아름다운 심성이 드러나 정감이 넘친다.(왼쪽)

배리 삼존불 협시보살　가운데는 좌협시보살로 사랑의 화신인 관세음보살상이다. 네모난 바위 위에 서서 오른손은 설법인으로 가슴에 들고 왼손은 아래로 드리운 채 정병을 쥐고 있다. 오른쪽은 우협시보살로 이중으로 된 연꽃 위에 선 대세지보살상이다. 오른손으로 영락 자락을 붙잡고 왼손으로는 연꽃을 든 화사한 미소를 지닌 상이다.

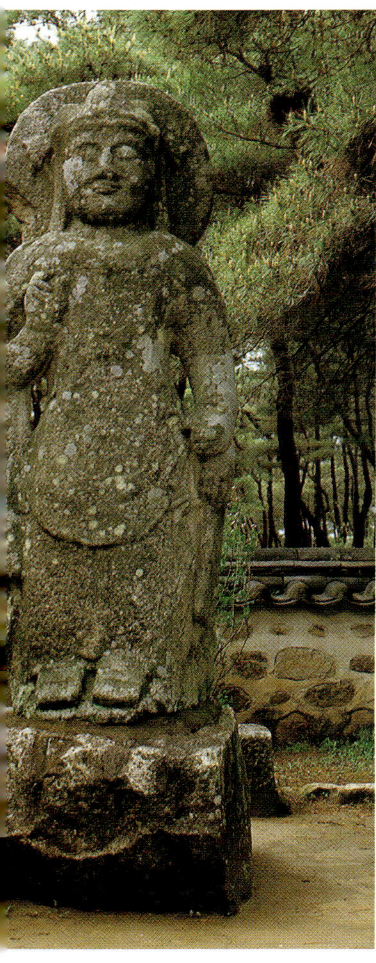

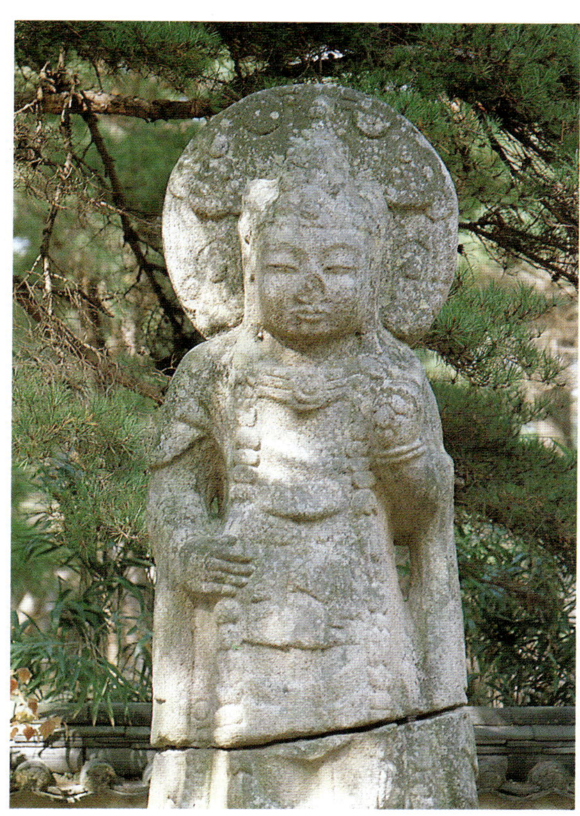

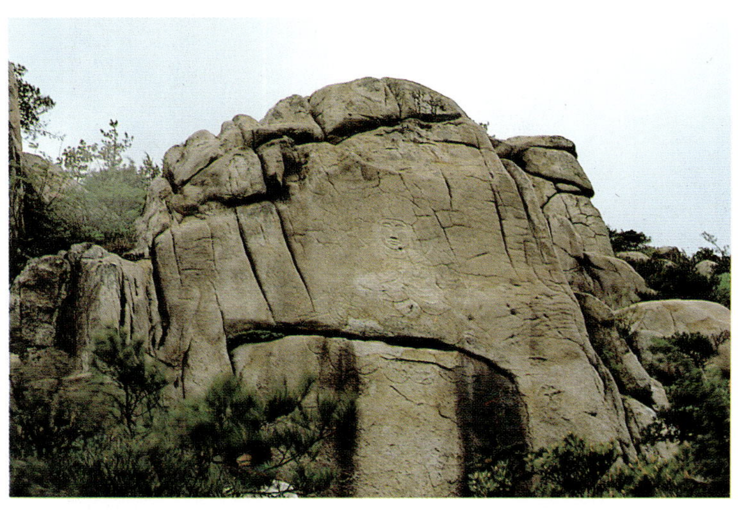

냉골 마애 석가여래상 냉골 산등성이에 높이, 나비 모두 10미터쯤 되는 절벽이 서 있다. 넓은 암벽은 중앙에 금이 갔는데 그 금을 대좌로 삼고 여래 좌상이 새겨져 있 다. 몸체는 선각으로 나타냈는데 얼굴만은 돋을새김으로 했다. 코는 길며 입술은 두껍고 커서 균형잡힌 얼굴이라 할 수 없지만 소박한 얼굴에 위엄이 있다.

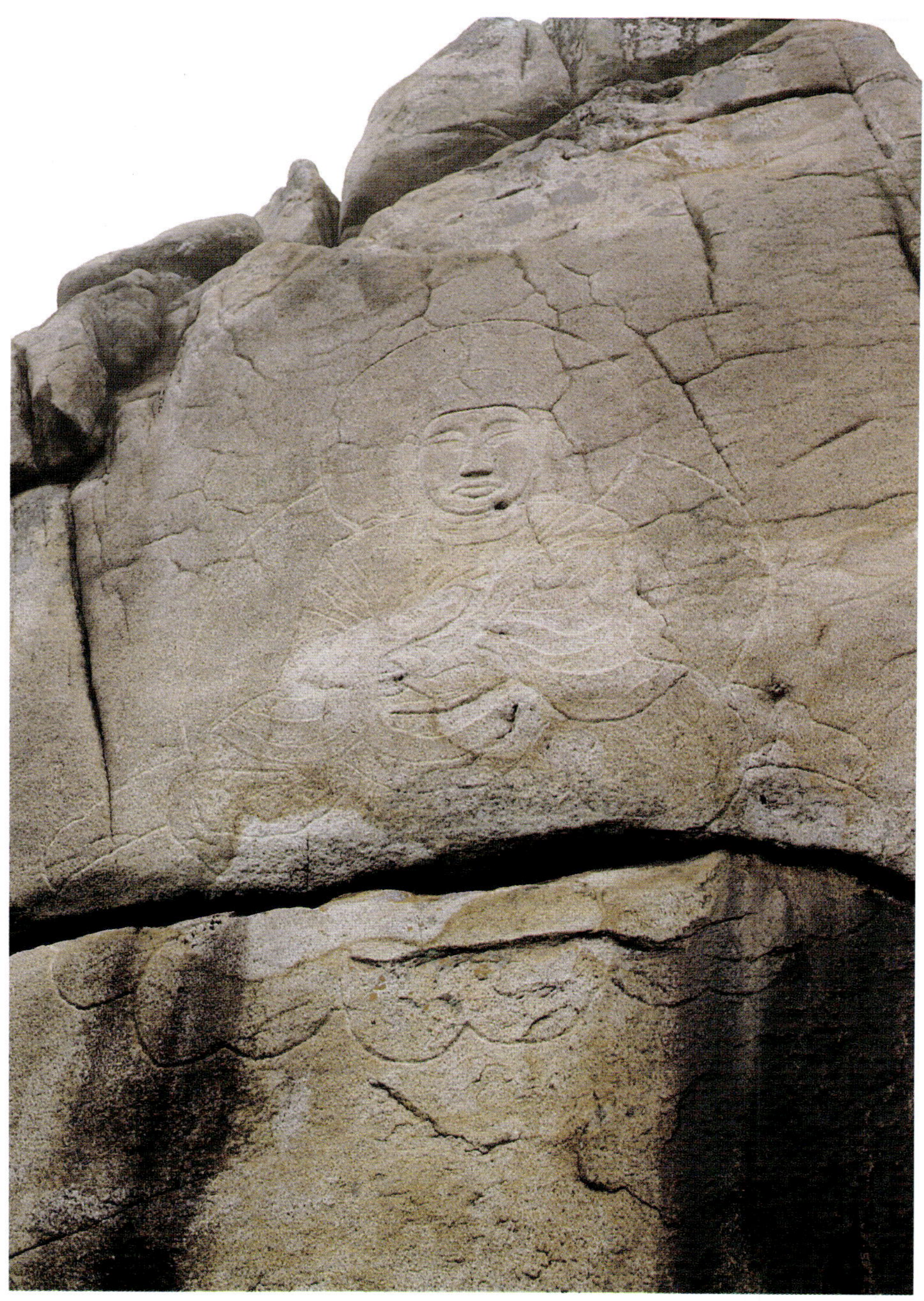

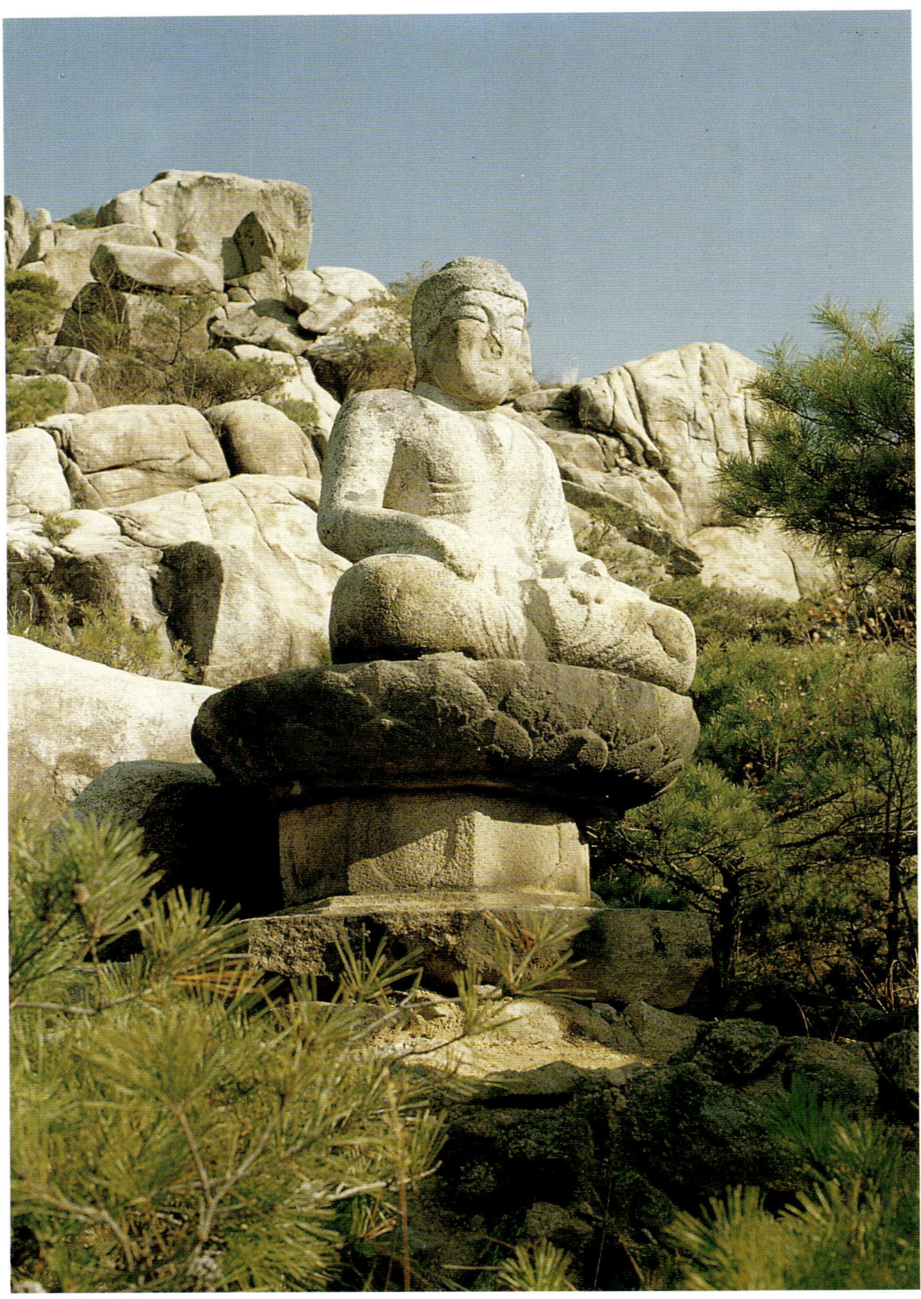

냉골 아미타여래 좌상 냉골에 있는 이 부처님은 바위등성이 위에 면마다 안상을 새긴
  8각 중대석을 놓고 그 위에 꽃잎마다 보상화를 장식한 화려한 대좌에 앉아 계신다.
  그러나 10여 년 전에 깨어진 얼굴을 수리하느라 시멘트를 발라 놓은 것이 오히려
  추한 얼굴이 되어 버렸다.(왼쪽)

광배편 왼편의 불상을 황홀한 세계로 보여 주는 것은 뒤에 세웠던 광배였을 것이다.
  화려한 그 조각이다.(오른쪽)

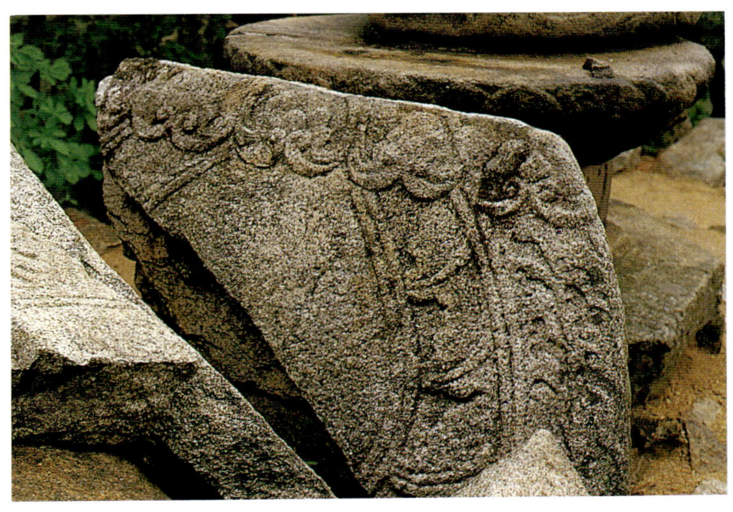

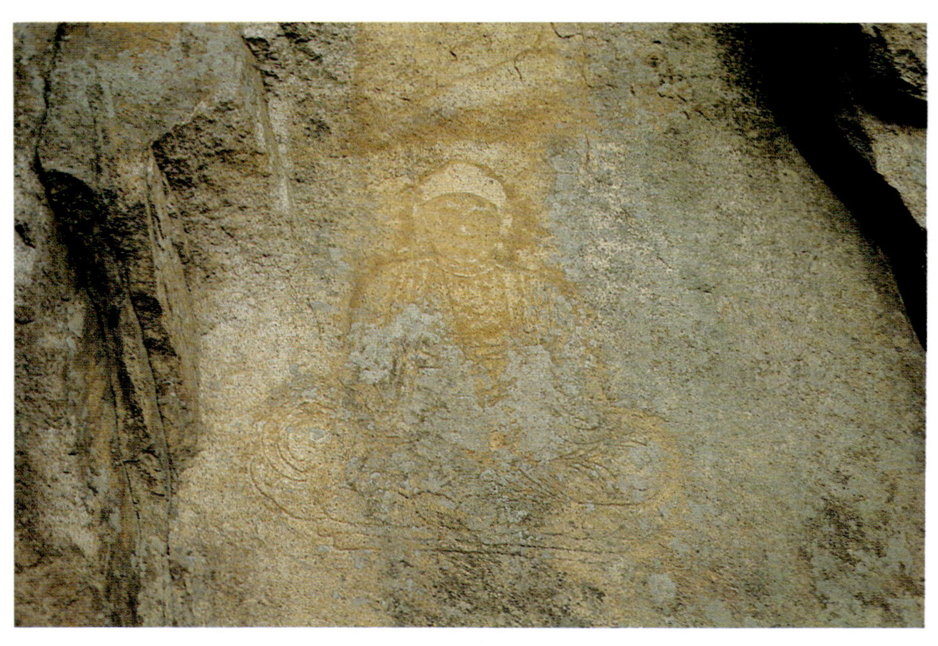

부엉골 여래 좌상 부엉골 부엉드미 맞은편에 석양이면 금빛으로 빛나는 바위가 있다. 그 빛나는 부분에 여래 좌상을 선각으로 나타냈으니 바위 속에 금빛 부처님이 계시다는 우리 조상들의 신앙이다.

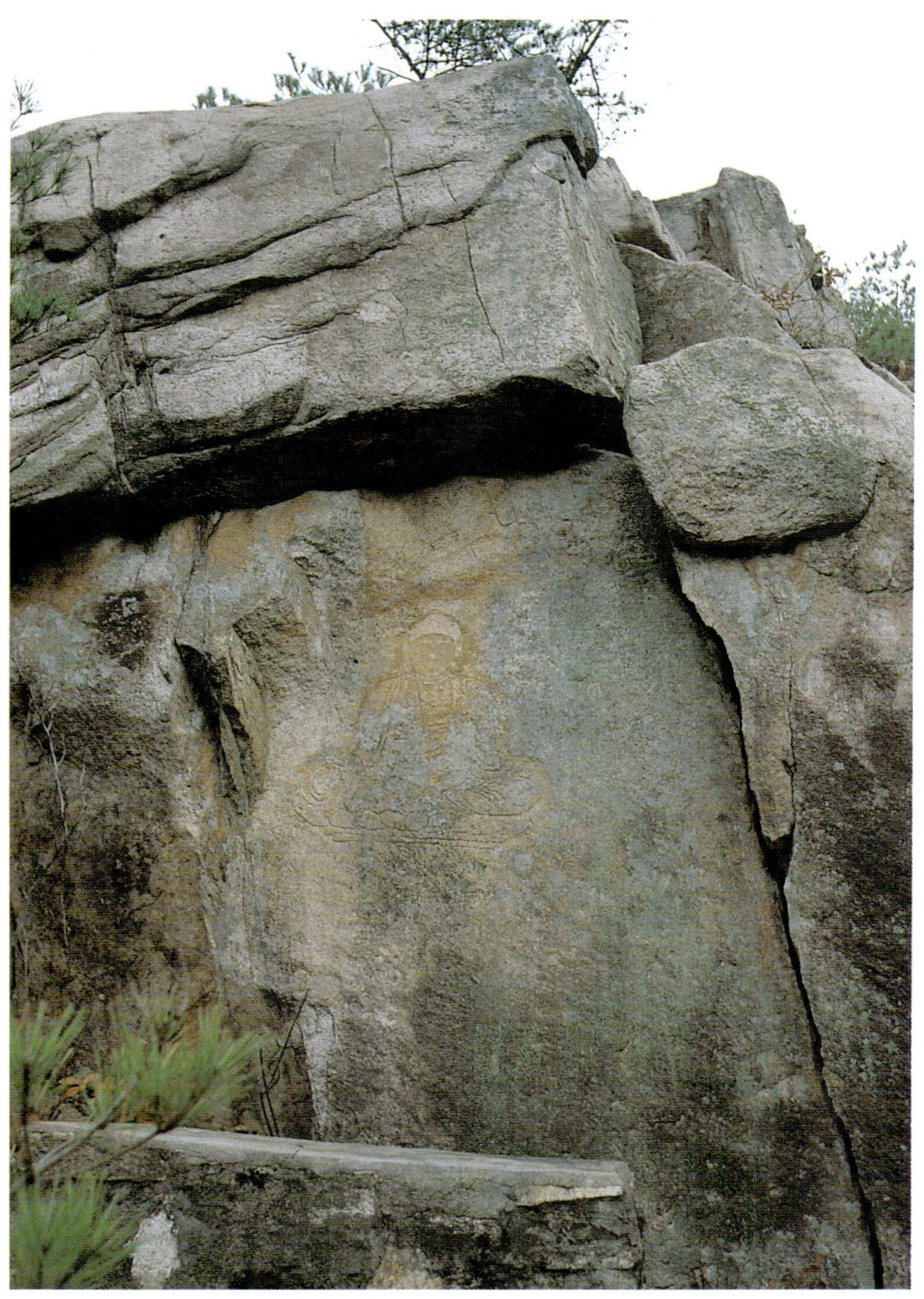

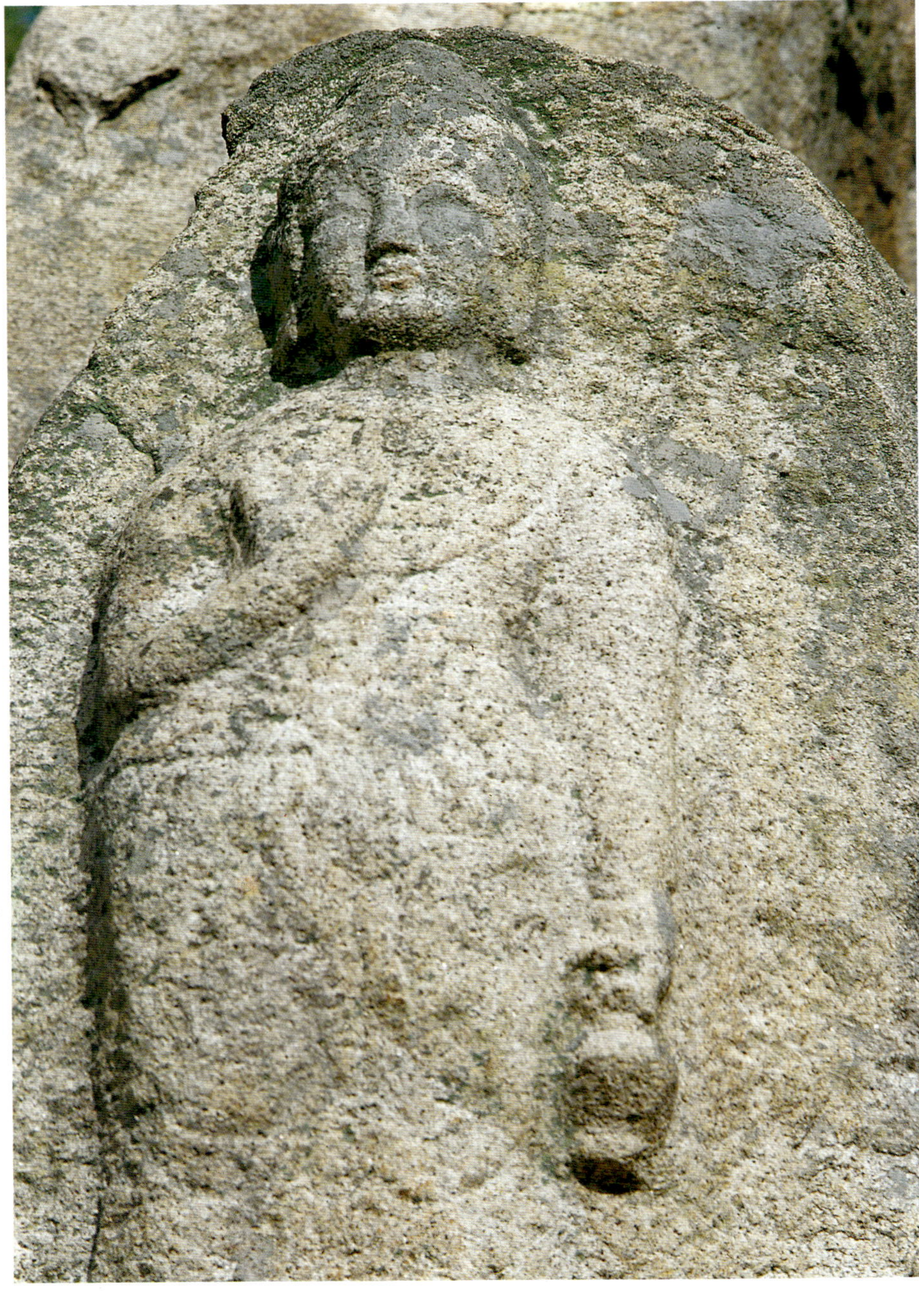

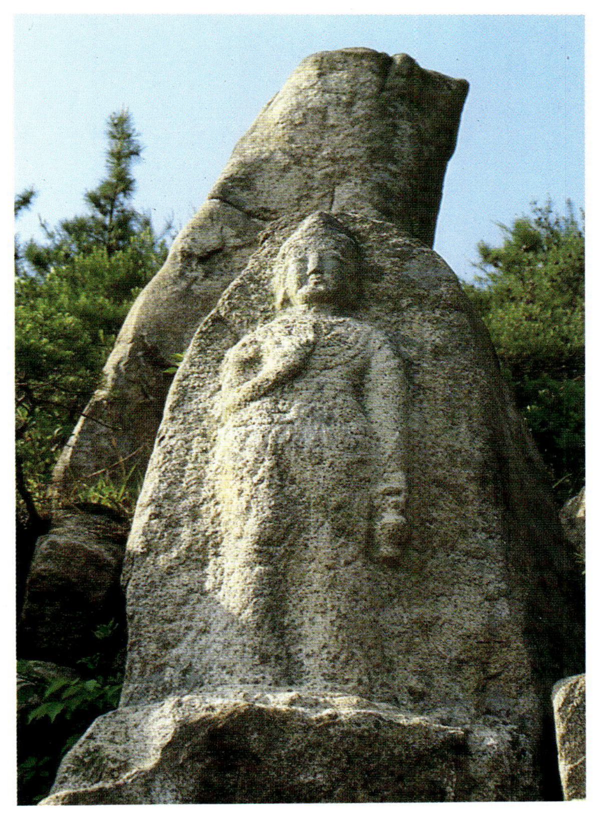

냉골 관세음보살상 이 불상은 약간 남쪽으로 치우친 서향으로 서 있는데 정면으로 강정산이 보인다. 이 산의 밑으로 흐르는 기린내가 방향을 바꾸어 보살상을 향해 흘러들어오는 것처럼 보인다. 태양이 서쪽 하늘을 물들일 때, 그 노을이 강물에 반사되어 관세음보살상의 전면에 비치면 서방정토를 바라보는 얼굴은 상기되어 화기에 찬다.

경주 남산(둘)

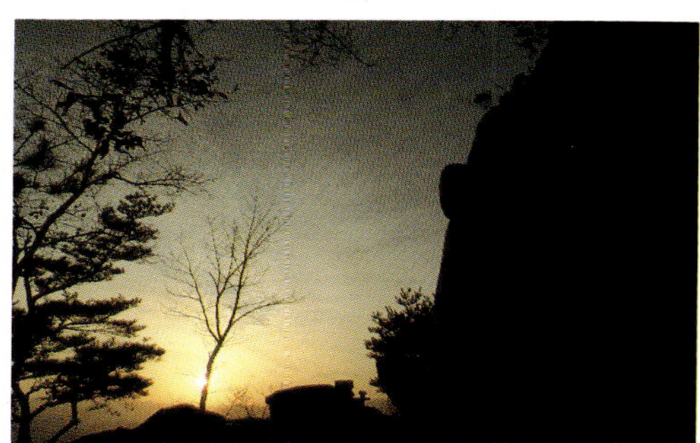

땅 위에 옮겨진 부처님 세계

탑골은 남산 전망대 부근에서 북동쪽으로 흐르는 계곡이다. 골 어귀에서 약 400미터 들어가면 오른쪽 언덕 위에 삼층 석탑이 서 있는데 이 탑으로 인해 탑골이라는 명칭이 붙게 되었다. 탑 옆에는 높이가 10여 미터 되고 둘레가 30미터 가량 되는 큰 바위가 있다. 이 바위의 사면에 여래, 보살, 비천, 나한, 탑, 사자 등 많은 불교 조각이 새겨져 있어 마을 사람들은 부처바위라 부른다.

완전히 깨달은 마음으로 누리를 비추어 보면 온누리는 버릴 것도 없고 보탤 것도 없는 한결같은 것이다. 한결같은 참된 세계를 진여(眞如)의 세계라 부르니 진여는 깨달은 사람만이 볼 수 있는 누리의 참모습이다. 진여를 형상으로 나타낸 부처님을 비로자나불(毘盧庶那佛)이라 부르니 비로자나란 빛으로 가득하다는 뜻을 내포하고 있다.

눈에 보이지 않는 빛이 분해되어 일곱 가지 색깔의 무지개가 되듯이 진여의 빛(眞如光)이 분해되어 8방 10방에 비치면 그 방향마다 부처님 나라가 이루어진다. 곧 서쪽에 비치면 아미타여래의 극락세계(阿彌陀如來極樂世界), 동쪽에 비치면 약사여래의 유리광세계

(藥師如來瑠璃光世界), 남쪽에 비치면 보생여래의 환희세계(寶生如來歡喜世界), 북쪽에 비치면 불공성취여래의 갈마지세계(不空成就如來揭摩智世界) 등 여러 부처님 나라가 이루어진다 (불상의 명칭은 경전에 따라 다름).

또 부처님 나라마다 수많은 보살들이 있으니 온누리는 화려하고 장엄한 부처님 나라로 가득하게 되는 것이다. 이렇게 화려 장엄(華麗莊嚴)한 부처님 세계를 화엄세계라 부른다.

이 부처바위에는 화엄세계의 화려한 꿈들이 새겨져 있다. 신라 사람들은 하늘에서 부처님 영(靈)이 하강하시어 바위 속에 머물러 계신 것이라 믿었다(비파암 참조). 하늘의 핵심인 비로자나여래가 하강하시어 이 바위 속에 계시므로 그 빛이 서쪽에 비치어 극락세계가 이루어지니 그곳에 아미타여래를 새긴다. 또 동쪽의 빛으로 유리광세계가 이루어지니 그곳에 약사여래를 새긴다.

신라에서는 동쪽과 서쪽에 배치되는 불상들은 일정하나 남쪽과 북쪽은 경우에 따라 다르다. 부처바위에는 북쪽에 석가여래가 새겨져 있고 남쪽에는 삼존불이 새겨져 있는데 무슨 상인지는 확실하게 알 수 없지만 이 바위를 한 바퀴 돌면 온누리의 부처를 예배하게 되는 것임을 알 수 있다.

부처바위 북면 영산정토

부처바위 북면에는 석가여래의 영산정토 환상이 새겨져 있다. 암벽 중앙 높은 곳에 석가여래가 앉아 계시고 머리 위에는 천개(天蓋)가 떠 있다. 부처님 앞에는 목탑이 양쪽으로 웅장하게 솟아 있고 그 앞에는 사자 두 마리가 마주 지키고 있다.

동탑(東塔)은 이중 기단 위에 세운 9층 탑인데 첫 층은 비교적 높고 다음 층부터는 낮은 옥신들이다. 추녀의 나비와 옥신 높이는 올라갈수록 축소되어 3.7미터 높이에서 9층 지붕이 삼각으로 끝을 맺는다. 추녀 끝마다 풍경이 달려 있고 탑 꼭대기에는 상륜부(相輪部)가 꽂혀 있다. 노반(露盤), 복발(覆鉢), 앙화(仰花) 위에 많은 풍경이 달린 보륜(寶輪)이 다섯 겹으로 찰주(刹柱)에 꽂혀 있고 그 위에 수연(水煙), 용차(龍車), 보주(寶珠)의 순으로 찬란하게 꾸며져 있다.

서탑은 동탑보다 조금 높은 위치에 자리잡았는데 동탑과의 간격은 1.53미터이다. 역시 이중 기단 위에 7층으로 솟았는데 그 모양은 동탑과 같은 형식이다. 이 탑들은 목탑을 사실적으로 모방한 것이라고는 할 수 없어도 황룡사 9층 탑을 위시하여 옛 서울 장안에 실지로 솟아 있던 목조탑들의 모습을 보여 주는 귀중한 조각이다.

사자는 불국정토를 지키는 성스러운 짐승이다. 동쪽 것은 입을 벌리고 오른쪽 발로 힘차게 땅을 딛고 왼발은 들어 올렸는데 꼬리가 깃발처럼 세 갈래로 나뉘어 바람에 날리고 있다. 천마총 출토 말다래의 천마도와 비교되는 솜씨로 조각되어 있다.

서쪽 사자는 입을 다물고 오른발은 들어 올리고 있는데 꼬리는 아주 복잡하며 목에 긴 털이 많은 것으로 보아 숫사자로 여겨지고 동쪽 사자는 털이 없는 것으로 보아 암사자로 여겨진다. 입을 벌린 사자는 아(阿)사자라 하고 입을 다문 사자는 훔(陰)사자라 하는데 열린 세계, 닫힌 세계, 음과 양이 합친 모든 세계를 부처님이 다스리신다는 뜻이다.

석가여래상
두 탑 사이의 높은 곳에 석가부처님이 앉아 계시는데 표정은 밝고 자세는 단정하다. 두 손은 선정인(禪定印)을 표시한 듯한데 옷자락에 가리어 보이지 않는다. 연꽃으로 된 둥근 두광(頭光)에는 꽃잎들이 햇살처럼 그려져서 부처님의 얼굴에 더욱 생기가 도는 듯하다. 연꽃 대좌는 두 꽃잎이 날개처럼 길게 가로 뻗쳐 있어 하늘 위로 날아오르는 듯 시원하고 안정된 느낌을 준다.

머리 위에는 천개가 떠 있는데 일본 호오류지(法隆寺) 천개나 송림사(松林寺) 탑에서 나온 사리 장치구의 황금 천개와도 비슷하다. 다만 양쪽으로 포장이 쳐진 것만 다를 뿐이다. 천개는 인도와 같이 더운 나라에서 빛을 가리기 위한 양산 같은 시설인데 우리나라에 와서는 높은 분들의 신분을 돋보이게 하는 것에 더 큰 뜻을 두었다.

"부처님 머리 위에는 하늘에서 저절로 천개가 가려지는데 무수한 보배 구슬과 풍경으로 장식된다"라는 경문의 한 구절이 있다. 천개는 가지가지 보물로 화려하게 꾸미는 것인데, 신라시대의 천개가 남아 있는 것은 하나도 없으니 이곳에 새겨진 천개로 신라시대 천개를 짐작할 수밖에 없다.

비천

천개 위로 천녀(天女) 두 사람이 날고 있다. 아름다운 천녀들이 하늘을 날면서 음악을 연주하거나 꽃을 뿌리는 모습은 부처님의 정토를 찬미하는 것이다. 비천이란 원래 맑고 깨끗한 하늘의 감정을 인격화한 것인데 나는 하늘이라 하여 비천(飛天)이라 부르고 있다.

부처바위 서면 유리광정토

부처바위에서 서쪽 암벽은 네 면 중에서 제일 좁은 면이다. 그래서 부처님 한 분과 비천상 하나만 새겨져 있다. 오른쪽에 능수버들이 늘어져 있고 왼편에 대(竹) 같은 나무가 서 있는데 그 그늘 아래

피어 있는 큰 연꽃 위에 여래 한 분이 앉아 계신다. 네모에 가까운 기름한 머리에 자그마한 육계가 솟아 있고 귀는 어깨까지 드리워져 단정하다. 정면을 바라보는 가는 눈, 기름한 코, 꼭 다문 입 등은 이 바위에 새겨져 있는 어느 불상보다 근엄한 표정이다.

머리에 비해 조금 갸름해 보이는 몸체는 반듯한 자세이고 두 무릎은 연꽃 위에 평행으로 놓여 있어 한없는 안정감을 느끼게 한다. 두 손은 역시 옷자락에 가려 보이지 않고, 머리 뒤에는 연꽃을 새기고 구슬을 늘어뜨린 화려한 보주형(寶珠形) 두광이 배치되어 있고 두광 주위에는 불길(火焰)이 새겨져 있다. 부처님의 머리 위로 한 천녀가 젓대를 불며 날고 있어 한결 정겨웁다. 이 바위 면은 서쪽을 향하고 있으나 부처는 동방 유리광세계의 약사여래로 짐작된다.

좌청룡(左靑龍) 우백호(右白虎)라는 말이 있다. 왼쪽은 청(靑)이고 오른쪽은 백(白)이라는 뜻이다. 쌍탑 앞에 서서 앞을 보면 이 바위 면은 왼쪽이 된다. 왼쪽이 청이라 했으니 청은 동쪽을 가리키는 색이며 동쪽에는 유리광세계가 있고 그 세계는 약사여래 부처님이 다스리신다. 따라서 반대편인 동쪽에는 서방정토 극락세계의 환상이 새겨져 있음을 알 수 있다.

부처바위 동면 극락세계

동면은 이 바위에서 가장 넓은 암면이다. 비탈진 벼랑이라 남쪽은 높고 북쪽은 낮으므로 바위 면은 북쪽이 높고 남쪽이 낮게 반대로 되어 있다. 높은 쪽은 높이 10여 미터 되고, 낮은 쪽은 높이 2.5미터 가량 되니 바위 면은 큰 삼각형이다. 바위 면은 셋으로 구분되는데 제일 넓은 북쪽 면에 극락세계의 환상이 새겨져 있고, 가운데에는 나무 아래에서 선정에 든 나한상이 새겨져 있다. 그 남쪽 면에는 한 스님이 앉아 있는 상이 새겨져 있는데 이 암벽 북쪽 부분에 새겨진 극락세계의 장면은 감격적이라 하겠다.

암벽 중앙에는 극락세계의 주인이신 아미타여래 삼존이 새겨져 있다. 큰 연꽃 위에 결가부좌한 본존여래상은 두 어깨의 선이 경사를 이루면서 두 팔로 흘러내려 삼각형에 가까운 몸체를 형성하였고 풍성한 두 무릎은 연꽃 위에 편안하게 놓여 있어 긴장된 곳 없이 부드럽고 조용하기만 하다. 둥그스름한 머리 위에는 나지막한 육계가 솟아 있고 정면으로 가리마를 탄 머리카락이 귀 언저리에서 곱게 처리되었다.

초생달같이 가늘게 휘어진 긴 눈썹, 갸름한 코, 가늘게 뜬 눈의 윗시울은 곡선으로 그어졌고 아랫시울은 직선으로 그어져 눈초리에 화사한 웃음이 감돌고 있다. 부드러운 두 뺨과 꼭 다문 작은 입술 그 언저리에 부드러운 미소가 피어난다. 구슬을 늘어뜨린 둥근 두광에는 햇살 같은 연꽃이 피어 있어 여래의 웃음은 온 암벽면에 퍼져 극락정토는 웃음으로 차고 넘는 듯 감격스럽다.

협시보살

본존여래의 왼쪽에 앉은 협시보살은 관세음보살이다. 여래상보다 작은 몸체로 작은 연꽃에 앉아 있는데 머리에는 보관을 썼고 두 어깨에는 천의(天衣)가 덮여져 있다. 그 모양은 국보 제78호의 금동미륵반가상의 것과 같은 모습이다. 두 손을 들어 가슴 앞에 합장하고 몸은 정면을 향해 앉아 있으며 얼굴은 본존여래 쪽으로 돌리고 있다.

머리 뒤에는 역시 연꽃 두광이 둥글게 빛나고 왼쪽 무릎 아래에는 꽃접시 같은 것이 놓여 있다. 도드라져야 할 뺨을 반대로 파 내어 태양 광선에 의해 돋아 나와 보이게끔 한 수법은 초근대적인 수법으로 참으로 놀라웁다. 오른쪽에는 대세지보살이 앉아 있었을 터인데 풍화로 인해 다 없어져 버렸으므로 그 모양은 알 수 없게 되었다. 다만 연꽃 대좌의 일부와 천의 자락 일부가 남아 있어 이곳에 협시 보살이 있었다는 것을 알 수 있을 뿐이다.

비천상

삼존불 머리 위에는 극락을 찬미하는 여섯 사람의 천녀(飛天)들이 새겨져 있다. 꽃잎을 날리며 혹은 쟁반을 들고 혹은 합장을 하고 날아오는 모습들인데 옷자락이며 천의(天衣) 자락들이 모두 위로 길게 나부끼고 있다. 그 때문에 부처님과 비천들이 하늘에서 빠른 속도로 내려오심을 느낄 수 있다. 그러나 대좌 밑에 드리워진 둥근 포장으로 인해 부처님들이 위험스럽지 않게 보이게 한 것은 훌륭한 착상이었다. 북쪽 하단에는 향을 올리며 염불하는 스님이 방석에 앉아 있는데 나무아미타불을 염송하고 있을 것이다.

이 조각들은 아주 얇은 돋을새김이라 부드럽고 따뜻한 느낌을 준다. 부처님의 어깨가 비스듬히 흘러내린 맵시나 부드러운 조각 솜씨는 백제의 솜씨라 하겠다. 백제의 조각가가 초빙되어 와서 새긴 불상이 아니라면 백제에서 공부한 예술가의 솜씨라 믿어진다.

선정에 드신 스님

동면 암벽 중앙에는 두 그루의 나무 아래에 선정(禪定)에 드신 스님이 새겨져 있다. 두광과 연화대가 없는 것으로 미루어 스님으로 생각된다. 두 그루의 나무가 인도에 있는 반야나무나 망고나무같이 보이니 이 상은 보리수 아래에서 선정에 드신 싯달타 태자가 아닐까? 아니면 인도에 가서 구법한 어느 스님의 이야기가 아닐까 생각해 본다. 동면 바위 제일 남쪽에는 높이 2.5미터 되는 기둥바위가 서 있다. 이 기둥바위 동면에도 명상에 잠겨 앉아 있는 스님상이 새겨져 있다.

인왕상

　기둥바위의 남면에는 이곳 부처님 나라를 지키는 금강역사가 새겨져 있다. 무장을 한 차림으로 서서 오른손에 금강저를 쥐고 동쪽을 노려보는 분노상이다. 금강역사(金剛力士)가 무장을 하고 금강저를 든 모습은 연대가 오래 된 인왕상이라 한다. 634년에 쌓은 분황사 탑의 인왕상도 무장하지 않은 반나체인데 이곳 금강역사상은 특이한 예다.

　이 바위 남쪽에 삼층 탑이 솟아 있는데 탑 북쪽에도 바위가 있어 이 금강역사와 마주 보는 상이 있었을 것으로 짐작되나 지금은 없다. 금강역사상이 새겨져 있는 이곳은 부처님 나라로 들어가는 입구가 된다. 이렇게 자연 바위에 금강역사가 새겨져 있는 것으로 미루어 법당이 따로 없고 이 바위 자체가 부처님 계시는 법당이었을 것이다. 부근에는 기왓조각들이 흩어져 있지만 그 건축물들은 스님들이 거처하는 승방(僧房)이나 식당, 강당 같은 건물이었을 것이다. 자연 속에 거처하시는 부처님과 자연을 소중히 여기는 풍속을 엿볼 수 있다.

부처바위 남면

　부처바위 남면은 높은 지대에 있기 때문에 바위 윗부분만 지상에서 2.7미터 높이로 솟아 있다. 바위 전체의 나비는 7.66미터이지만 가운데로 나누어져서 두 개의 암벽을 이루고 있다. 동면 바위에는 웃음이 넘치는 밝은 표정의 삼존상이 새겨져 있는데 얇은 조각이라 마멸이 심하여 세밀한 선은 찾기 힘들지만 구김살 없는 천진스런 작품이라는 것은 한눈에 알 수 있다.

　가운데 본존상은 큰 연꽃 위에 앉아 있는데 복잡하게 주름진 상현좌(裳懸座)로 연꽃 대좌의 윗부분을 덮고 있다. 몸체는 단정하고 두 무릎은 넓게 놓여 있어 한없이 편안하게 보인다. 얼굴은 풍화되어 마멸이 심하나 밝은 표정이다. 연꽃을 새긴 둥근 두광은 웃는 얼굴과 조화되어 더욱 밝게 보인다. 두 손은 옷자락으로 가려져 있다. 두 어깨에서 흘러내린 가사(架裟)깃 사이로 드러난 앞가슴에 승기지(僧祇支 ; 부처님 가슴을 가리는 옷)가 비스듬히 나타나 있고 허리를 동여맨 끈 매듭이 부채살처럼 조금 나타나 보인다. 7세기경에 나타나는 불상들의 옷차림들이다.

두 협시보살도 재미있다. 오른쪽 보살은 연꽃 위에 단정히 앉아 두 손을 합장하고 머리를 약간 본존여래 쪽으로 돌리고 있다. 그 때문에 두광이 둥글지 않고 타원형으로 나타나 있다. 왼쪽 보살도 오른쪽 보살과 같은 모습이나 몸 전체가 본존여래 쪽으로 기울어져 있어 응석을 부리는 듯한 자세이다.

보통 여래가 앉아 있을 때 보살들은 선 자세이다. 그리고 부처님 세계란 단정하고 근엄하게 표현되는데 여기서는 여래도 보살도 앉은 자세로 화목하고 가정적인 분위기로 나타나 있다. 이렇게 인간다운 부처님들을 어느 나라에서 만날 수 있을까? 신과 인간 사이에 벽이 없는 신라의 행복을 여기에서 본다. 부처님 왼편에는 능수버들이 늘어져 있다.

서쪽 암면은 삼각형을 이루고 있으며 중앙 아랫부분에는 얕은 감실을 파고 부처님 한 분을 새겼는데 머리 위에 육계(肉髻)가 우뚝하고 얼굴은 달걀 모양으로 갸름하다. 몸체는 작은 편이고 무릎은 넓어 편안하다. 단정한 모양과 두 손은 다른 불상들처럼 옷자락에 가려 보이지 않는다. 이 상에는 연화 대좌와 두광이 표현되지 않아 불상인지 나한상인지 분간할 수 없다. 이 상 바로 앞에 여래 입상이 있다.

여래 입상

　사각대석(한 변 길이 1.12미터) 위에 여래상이 서 있다. 대석에는 발만 새겨져 있고 발목 이상은 한 개의 돌로 새겨진 입체상이다. 두광과 얼굴은 반 이상이 파괴되어 없어졌으나 살결이 풍성한 둥근 얼굴이었음을 알 수 있다. 목에는 세 겹의 주름(三道)이 있고 어깨는 넓고 가슴은 부풀어 나왔다. 가는 허리에서 연결되는 엉덩이 선은 양감(量感)을 더하면서 고운 곡선으로 기둥 같은 두 다리에 흘러내린다. 세부는 간결하게 생략하고 전체가 주는 따스한 촉감이 석상에 생생하게 피어나고 있다.

　통견(通肩)인 가사의 옷주름은 몇 줄 안 되지만 태(腹部)의 형태를 만들며 자연스럽게 흘러 허벅지와 무릎을 암시해 주고 있다. 양팔을 감고 흘러내린 옷주름도 근육의 움직임을 나타내어 생기를 더해 주고 있다.

　뒷면은 조금 소홀하게 처리된 듯하나 왼쪽 어깨에서 흘러내린 가사 자락이 자연스러워 좋다. 왼손이 배에 닿아 있으므로 이 불상은 아기를 무사히 낳게 하는 안산불(安産佛)로서 마을 사람들에게 신앙되어 왔다 한다.

　이 입체상은 하나의 조각품으로도 우수하지만 이 불적(佛蹟) 전체에 주는 공간미의 효과는 더욱 크다. 넓은 법계(法界)의 꿈을 표현한 바위라 하더라도 얇은 돋을새김으로 나타내었기 때문에 바위 전체가 딱딱해 보이지 않는다. 여기에 굳세고 풍성한 입체상을 세움으로써 활기를 보태어 전체의 분위기에 생동감을 넘치게 한 것이다.

삼층 석탑

　삼층 석탑은 단층 기단 위에 약 4미터(상륜부 제외) 높이로 솟아 있다. 옥개 받침은 삼단이고 추녀도 두툼하여 보통의 신라 탑과는 성격이 다르다. 낙수면 모서리에 추녀 마루가 새겨져 있는 모습은 늠비봉 탑을 닮았다. 추녀 마루에 한 개씩 못 구멍이 있는데 이곳엔 금속으로 만든 장식품이 꽂혀 있었을 것이다. 기묘한 바위들과 연결된 높은 곳에 솟아 있는 이 탑은 아래에서 올려다보는 사람들에게 이곳이 바로 불국정토임을 애기해 준다.

　이 탑은 허물어져 있던 것을 1977년에 다시 복원한 것이다. 입체 불상 앞에는 이 탑을 바라보고 앉아 계신 스님이 새겨져 있다. 이곳에다 불국정토를 일으킨 주지스님의 모습이 아닐까 생각한다. 입체 불상 남쪽 12미터 되는 거리에 석등을 세웠던 대석이 있다. 이는 연화대가 아니라 자연 바위에 간석을 세웠다는 사실을 패인 홈으로 알 수 있다. 인공과 자연의 조화를 사랑하던 신라 사람들이 이렇게 소박하였으니 넓고 크고 자연스러운 신라의 아름다움을 느낄 수 있다.

화엄세계와 영산정토

기암(奇岩)과 거암(巨岩)이 모양을 바꾸면서 하늘에 잇닿은 바위 더미에 칠불암이 있다. 가파른 산비탈을 평지로 만들기 위해서 동쪽과 북쪽으로 높이 4미터 가량 되는 돌축대를 쌓아 15×15미터 되는 넓이의 터를 마련하고 서쪽 바위 면에 기대어 자연석을 쌓고 높이 4.68, 길이 8.4미터 되는 불단을 만들었다. 불단 위에 네모난 바위(대략1.6×1.6×2.7미터)를 얹어 놓고 면마다 여래상을 새겨 사방불(四方佛)을 모셔 놓았다.

사방불에서 1.74미터 간격을 두고 불상의 배광처럼 생긴 병풍바위(높이 4.68, 나비 8.4, 두께 2.12미터)에 삼존대불이 새겨져 있다. 이 삼존불과 사방불을 합치면 모두 칠불(七佛)이 된다. 이 터에서 발견되는 꽃무늬 기와며 비석 조각 등으로 미루어 신라 때에는 이름 있는 큰 절이었을 터인데 절 이름조차 알 길이 없어 칠불암이라고 부른다.

심산유곡 절벽 바위산을 부처님들이 사시는 곳으로 보고 이 험한 산등성이에 절을 세운 용기와 큰 바위를 쪼아 대불들을 조성해 낸 신앙의 정열에는 그저 감격할 뿐이다. 화엄세계를 축소해 놓으면

사면 석불이 된다. 바위 중심에 비로자나여래불이 계시고 그 빛이 사방에 비치어 사방 불국정토가 이루어지는 것이다. 면마다 새겨진 여래상들은 그 불국정토의 대표되는 부처님들이시다.

동면 여래상

앙련과 복련을 사실적으로 나타낸 연꽃 위에 결가부좌하여 왼손은 약 그릇을 들어 무릎 위에 놓고 오른손은 엄지와 둘째 손가락을 대어 가슴 앞에 들고 설법인을 표시하였다. 얼굴은 살결이 풍만하고 삭발한 머리에는 육계가 덩실하다. 두 귀는 크게 나타나 있고 가사 깃 사이로 드러난 앞가슴엔 승기지(僧祇支)가 비스듬히 보이며 옷끈 매듭이 부채살 모양으로 조금 드러나 보인다. 무릎을 덮고 흘러내린 옷자락이 연꽃 위에 물결치듯 덮여 있다. 두광은 보주형으로 크게 나타냈는데 무늬는 없다.

이 불상은 손에 약 그릇을 들고 동쪽으로 향해 있어 약사여래(藥師如來)임을 알 수 있다.

서면 여래상

서쪽 면에 새겨진 여래상은 몸체만 돋을새김으로 하였고 연화대는 선각(線刻)으로 나타냈다. 연화 대좌 위에 결가부좌하여 오른손은 엄지와 둘째 손가락을 대어 가슴 앞에 들었고, 왼손은 세째, 네째, 다섯째 손가락을 엄지와 마주 대어 배 앞에 들고 설법인을 표시하였다. 얼굴은 풍만하고 작은 입은 곱게 다물었으며 눈을 아래로 조용히 뜨고 있어 고요한 느낌을 주는 상이다.

가사깃 사이로 드러난 가슴에는 승기지가 보이고 군삼을 동여맨 매듭이 부채살 모양이 아닌 코매듭으로 나타나 있다. 왼쪽 팔에 걸쳐서 흘러내린 가사 자락이 왼쪽 무릎 위에 있는 발 끝을 덮고 있어 발은 일부만 드러나 보인다. 두광은 윗부분이 잘려져 원으로 보이며 서쪽 방향으로 앉아 계시므로 서방정토 극락세계의 아미타불이시다. 이 상은 다른 불상들보다 조금 높은 곳에 위치해 있는데 앞에 삼존불 대석이 놓여 있기 때문이라 생각된다.

남면 여래상

사실적으로 새겨진 연꽃 위에 결가부좌하여 두 손을 설법인 한 것은 아미타여래의 모습과 같다. 결가부좌한 발은 옷자락 속에 감추어져 보이지 않는다. 18센티미터나 되는 깊은 돋을새김으로 나타나 있는 얼굴은 풍만하며 삭발한 머리에는 육계가 단정하게 솟아 있다.

눈끝이 조금 치켜올라간 동양적인 모습에 목에는 두 겹의 주름이 잡혀 있다. 가사깃 사이로 승기지가 보이고 군삼을 동여맨 끈은 앞에서 매듭을 지었고 남은 자락이 두 줄로 드리워져 있다. 무릎을 덮고 흘러내린 옷자락이 대좌 위에 곱게 물결치듯 덮여 있는 것은 중국 북위시대 양식인 상현좌(裳懸座)의 흔적이다. 두광은 역시 무늬 없는 보주형으로 크게 나타나 있다.

북면 여래상

이 바위에서 북면은 가장 좁은 면이다. 서쪽 모퉁이 일부가 떨어져 나갔기 때문이다. 따라서 불상도 동쪽 윗부분에 조그맣게 조각되어 있다. 두 겹으로 핀 연꽃 위에 두 손을 설법인으로 표시하고 결가부좌한 모습이다. 보주형으로 된 두광은 다른 상들과 같다.

그러나 이 상은 무릎 나비에 비해 키가 아주 작다. 얼굴은 조금 큰 편인데 양감이 없어서 홀쪽해 보인다. 앞가슴에는 승기지가 비스듬히 보이고 군삼을 동여맨 끈은 나비 날개처럼 매듭이 지어져 변화가 있다. 무릎 위에는 두 발이 나타나 있고 옷자락은 연꽃 위에 물결 치듯 덮여 있어 이곳 불상의 특징을 잘 나타내고 있다. 남쪽과 북쪽 불상의 존명도 확실하게 알 수 없다. 경전대로라면 남쪽이 보생여래(寶生如來), 북쪽이 불공성취여래(不空成就如來)가 된다.

촉지항마인(觸地降魔印)은 부처님께서 진리를 깨쳐 성도(成道)하신 순간의 모습이다. 부처님의 성도를 두려워한 것은 마왕(魔王) 파순(波旬)이 이끄는 마군(魔軍)들이었다. 하나의 촛불을 켜면 어둠이 사라지듯, 한 사람의 성자(聖者)가 성도하면 악은 사라져 버리기 때문이다. 악마의 왕 파순은 젊은 딸 셋을 보내어 성도하실 태자를 유혹하도록 했다.

“너희들은 아름답다. 그러나 그 아름다움은 금방 사라지고 쭈글쭈글한 할머니가 될 터인데 어찌 순간적인 아름다움에만 의지하려 하느냐?”

라고 하신 태자의 말에 딸들은 금방 늙은 할머니가 되어서 도망을 갔다.

파순은 다시 마군들을 끌고 와서 선정에 든 싯달타 태자에게 무기를 던졌다. 이 무기들은 도중에 꽃송이로 변해 태자의 주변은 꽃송이로 가득 찼다. 파순은 다시 돌을 던지게 했더니 돌도 꽃송이로 변해 보리수에 꽃이 만발하였다. 파순은 태자를 태워 죽이려고 짚단에 불을 붙여 던졌다. 짚단은 하늘 위에서 저녁 노을처럼 타버렸다. 파순은 도리없이 맨주먹으로 나아가 외쳤다.

"그 자리는 금강보좌(金剛寶座)이다. 네가 앉을 자리가 아니니 내려오너라."

이 때 태자는 조용히 입을 열어 말했다.

"하늘 위 하늘 아래 이 자리에 앉을 사람은 나뿐이다. 그것을 믿지 못한다면 지신(地神)을 불러 증명하리라."

라고 하면서 선정(禪定)에 들었던 오른손을 들어 무릎 아래 땅을 건드렸다.

이 때 지신이 나타나서 "이분은 부처님이시다"라고 증명하는 순간 악마들은 땅 속으로 사라져 버렸고 부처님의 눈썹 사이의 백호(白毫)에서 나온 큰 빛이 샛별에 부딪칠 때 태자는 진리를 깨쳐 부처가 되신 것이다. 왼손바닥을 위로 하여 배꼽 밑에 놓고 오른손바닥은 밑으로 하여 오른 무릎 위에 얹고 손 끝으로 땅을 건드리는 모습을 '촉지항마인상'이라고 한다.

땅을 건드려 마귀들의 항복을 받고 진리를 깨쳤다는 뜻이니 이 수인은 석가부처님께서 성도하신 감격적인 순간의 모습이다. 이런 수인을 한 부처님은 일본에는 없고 중국에서도 귀한 상이다. 그러나 신라에서는 호국불교를 신앙하였기 때문에 촉지항마인상을 한 불상이 많이 만들어졌다. 골굴암 부처님, 칠불암 본존불, 팔공산 갓바위 부처님, 석굴암 부처님 등 모두가 호국 부처님들이다. 석굴암 이후에는 석불들이 대개 촉지항마인상으로 나타나고 있다.

마애 삼존불

사면 석불에서 1.74미터 떨어진 서쪽에 높이 5미터, 나비 8미터 되는 절벽 바위 면에 거의 입체불에 가깝게 돋을새김을 한 삼존불이 있다. 이 삼존불은 규모가 클 뿐 아니라 조각 솜씨도 남산에서 첫손을 꼽는 대작들이다. 석가 부처님은 진여(眞如)의 비로자나여래에서 우리 인간들을 제도하시기 위해 인간으로 태어나서 인간을 구원하신 부처님이시기에 가장 크게 조성한 것이다. 불국사의 대웅전이 가장 규모가 큰 것도 그 때문이다.

본존여래불

두 겹으로 핀 넓은 연꽃 위에 결가부좌하여 당당한 자세다. 넓은 어깨는 위엄 있게 펴고 눈끝이 조금 치켜오른 두 눈은 먼 앞을 내다보며 촉지항마인상으로 마귀의 항복을 받고 성도하시는 순간의 모습이다. 이 부처님의 기상에는 삿된 것은 절대로 용서치 않을 엄격한 위엄이 넘치고 있다.

삭발한 머리에는 육계가 끈으로 맨 듯이 나타나 있고, 눈을 바로 뜨고 있는 모습이나 아래 눈시울 밑에 반쯤 선이 그어져 있어 눈과 뺨의 교차를 이룬 솜씨들은 이 불상의 특이한 점이다. 코는 길고 힘차게 나타나 있는데 지금은 파손되어 시멘트로 수리한 것이 흠이다. 비교적 얇은 입술을 굳게 다물고 있어 부처님 얼굴은 더욱 엄격하게 느껴진다.

큰 귀는 어깨까지 닿아 있고 몸체는 가슴이 평평하기는 하나 직사각형으로 굳세게 앉아 있다. 더욱이 두 팔이 팔굽에서 직각으로 꺾여 있기 때문에 조각 솜씨가 딱딱하게 느껴지는데 다행히 편단우견(偏袒右肩)으로 입은 옷주름들이 고운 곡선으로 부처의 몸체를 감싸고 흘러내려서 부드러움을 보태어 주고 있다. 두 다리를 덮고 흐른 옷주름들이 무릎 아래서 잔물결치듯 표현된 것은 한없이 아름답다.

불상 대좌는 8세기 중엽에 이르면 앙련대(仰蓮臺)와 복련대(伏蓮臺) 사이에 8각 중대석(中臺石)이 있는데 이 대좌는 복련 위에 직접 앙련이 피어 사실적인 연꽃으로 나타나 있어 이 불상의 연대를 알 수 있는 중요한 특색이 되는 것이다. 밑으로 처진 복련꽃은 꽃잎이 좁고 길며 끝이 뾰족한데 앙련 꽃잎은 짧고 넓으며 끝이 두 개의 곡선으로 되어 변화가 다양해 생기에 넘치는 연꽃이다.

"못 가운데에는 연꽃이 수없이 피었는데 크기가 전륜성왕(轉輪聖王)의 천륜보거(千輪寶車)와 같아서 주위가 40리 가량 되면서 빛깔과 형상이 미묘하고 정결하여 이루 말을 다 할 수 없다."

위의 글은 극락세계를 설명한 경전의 한 구절이다. 크고 생기에 넘치는 칠불암 본존불의 연꽃 대좌에서는 이러한 느낌이 풍겨 나온다. 이 부처님 머리 뒤에는 무늬 없는 보주형(寶珠形) 두광이 장엄하게 새겨져 있다. 이 부처님을 바라보면 자비로움이나 부드러움보다는 장대한 박력에 고개 숙이게 된다. 앞에 있는 사방불은 비로자나의 화엄세계로서 후세에 불국사 전체가 되고 석가삼존불은 불국사의 대웅전이 되는 것이다.

협시보살(脇侍菩薩)

협시보살이란 본존여래의 양쪽에 배치되어 여래의 뜻을 받들고 중생들을 제도하는 보살을 말하는 것이다. 오른쪽에 서 있는 보살은 본존 대좌의 복련꽃과 같은 연꽃 대좌 위에 서서 오른손은 아래로 내려 정병(물병)을 들었고 왼손은 엄지와 중지를 대어 가슴에 들고 있다.

물병을 든 것은 괴로운 사람을 구하겠다는 약속이고 손가락을 대어 가슴에 든 것은 부처님의 뜻을 중생에게 설법하는 모습이다. 풍만한 얼굴을 여래 쪽으로 조금 돌리고 시선도 그 방향으로 향하고 있다. 입은 굳게 다물었는데 아랫입술은 윗입술에 감싸이듯 조그맣게 나타나 있어 아기들처럼 귀엽게 보인다. 머리는 삼면두식(三面頭飾)으로 장식했으며 왼쪽 어깨에서부터 승기지가 비스듬히 감싸고 남은 자락이 수직으로 물결치며 흘러내렸다.

두 어깨에는 수발(垂髮)이 덮여 있고 목에는 간단한 목걸이가 걸려 있다. 허리를 감고 있는 치마 주름 위를 과판(銙板)이 달린 띠로 동여매었는데 흘러내린 치맛자락은 발등을 덮고 양옆으로 퍼져 잘게 주름 잡혀 곱게 처리되었다. 넓은 천의는 어깨에 걸쳐 두 팔을 감싸며 양옆으로 흘러내렸고 팔목에는 팔찌가 화려하게 장식되었다. 머리 위에는 크게 보주형 두광이 새겨져 있어 큰 연꽃 대좌와 함께 보살의 위력을 돋보이게 하였다.

왼쪽 보살도 큰 복련꽃 대좌에 서서 오른손은 보상연화(寶相蓮華)를 들어 가슴에 올리고 왼손은 아래로 내려 천의 자락을 살며시 들고 있다. 연꽃을 든 것은 흙탕물 속에서도 오염되지 않는 연꽃처럼 깨끗한 마음으로 세상을 제도하겠다는 약속이다. 살결이 풍만한 얼굴을 본존여래 쪽으로 약간 돌리고 있는 자세는 오른쪽 보살과 같은데 얼굴의 표정은 더욱 귀여운 데가 있다.

머리에는 삼면두식으로 된 보관을 썼고 어깨에는 수발이 덮여 있다. 목에는 목걸이가 걸려 있고 왼쪽 어깨에서는 승기지(僧祇支)가 부채살처럼 아래로 비스듬히 퍼지면서 가슴을 가리었다. 허리를 감싸고 있는 군삼 끈은 나비 날개처럼 매듭을 짓고 남은 자락은 밑으로 드리워져 있다.

어깨에 걸친 천의가 두 팔을 감싸며 아래로 흘러내린 모습이나 발등을 덮은 군삼 자락이 양옆으로 퍼지면서 잘게 주름잡고 있는 모습이나 팔찌를 끼고 있는 모습들은 모두 오른쪽 보살과 같다. 무늬 없는 큰 두광의 장엄도 같은 모습이다. 다만 들고 있는 손이나 발의 방향이 오른쪽과 반대로 되어 대칭인 점이 다를 뿐이다.

8세기 중엽으로 내려오면서 보살들은 가슴이 짧아지고 다리가 길어지면서 몸매가 날씬해진다. 그러나 이 보살들은 백제(百濟) 말기의 보살들을 닮아서 가슴이 길고 다리가 짧다. 그 때문에 이 불상들이 만들어진 연대를 7세기 말엽에서 통일 초기 작품으로 추정하는 것이다.

무늬 없는 보주형 두광이나 연꽃 대좌를 덮고 있는 상현좌(裳懸座)의 흔적이 남아 있는 점도 7세기 말엽 불상들의 특징이다. 한 개의 배광에 삼존불을 나타낸 불상을 일광삼존불(一光三尊佛)이라 부르는데 6세기 후반에는 금동불(金銅佛)로 많이 만들어졌다.

7세기 후반에 이르러서는 일광마애삼존불(一光磨崖三尊佛)이 많이 새겨졌으니 선도산 삼존불(仙桃山三尊佛), 두대리(斗岱里) 마애삼존불, 금강산 마애삼존불, 굴불사 사면석불(掘佛寺四面石佛) 서쪽 면 등이 좋은 예라 하겠다.

선도산과 굴불사 사면석불의 협시보살(脇侍菩薩)상은 입체로 되어 있다. 선도산 삼존불이나 두대리 삼존불, 협시보살들이 모두 정면을 보고 차려 자세로 서 있는 데 비해서 칠불암 보살들은 본존 여래 쪽으로 몸과 얼굴을 돌려 삼존불을 하나로 통일시키려는 무한한 노력의 흔적을 볼 수 있다. 또한 본존여래 쪽에 놓인 발 뒤꿈치를 깊이 파서 발 끝이 앞으로 향하도록 애쓴 흔적은 전대의 불상에서 볼 수 없는 수법이다.

7세기 전반 수시대의 영향을 받은 불상들의 딱딱한 자세에서 당시대의 부드러움으로 바뀌려는 새로운 수법을 우리는 칠불암에서 볼 수 있다. 석굴암 불상들의 자유로운 자세며 부드러운 표현들이 칠불암 부처님들을 새긴 선배 조각가들의 정신을 긑바탕으로 해서 이루어졌다는 것을 여기서 보아야 할 것이다.

신선암 마애 보살 유희좌상

칠불암의 배경을 이루고 있는 높은 바위산에는 위에서 구름을 타고 내려오시는 보살상이 새겨져 있다. 칠불암에서 30미터쯤 바위로 기어 올라가면 바위 위에 지름 25센티미터 되는 구멍이 있다. 이곳은 부처님이 계심을 알리는 석등이 세워졌던 자리이다. 석등 바로 동쪽에 몇 사람이 앉아서 쉴 만한 평평한 자리가 있다. 바위산 은 높이 3.27미터 되는 절벽을 이루고 다시 산정으로 연결된다. 이 절벽 바위 위에 신비에 찬 보살상이 새겨져 있다.

이 보살상에서 5미터 정도 앞에는 깊은 낭떠러지인데 이곳은 땅 위가 아니라 허공이다. 부처님 앞에 앉아 내다보면 아득한 하계 는 송림의 푸른 구름으로 출렁이고, 멀리 보이는 산봉우리들은 하늘 위에 솟은 산이 아닌가 착각을 일으키게 되니 부처님과 함께 하늘에 떠 있는 느낌을 갖게 된다. 이러한 위치를 선택하여 부처님을 새겼 음은 생명을 다하여 부처님의 맑은 세계를 동경하는 소망과 그 소망 을 지상에다 이루려는 정열이 합쳐졌을 때만 있을 수 있는 일이라 생각된다.

바위 면은 남쪽으로 향하고 있다. 비가 와도 젖지 않도록 바위 윗면을 조금 앞으로 경사지게 깎아 내고 높이 1.5미터, 나비 1.27 미터 되는 배광(背光) 모양의 얕은 감실을 파 돋을새김으로 보살상 을 나타내었다. 옷자락으로 덮여 있는 의자에 걸터앉아 한 손에 꽃을 들고 한 손으로는 설법인을 표시하여 깊은 사색에 잠긴 채 구름을 타고 내려오시려는 모습이다. 머리 위에는 보계(寶髻)를 틀어 올리고 삼면두식으로 장식된 보관을 썼다. 관대의 끈은 머리 좌우에 날개처럼 매듭을 짓고 그 자락이 두 귀 언저리로 흘러내려 어깨에 보기좋게 드리워져 있다.

살이 풍성한 둥근 얼굴에는 곡선으로 그려진 고운 눈썹과 연결되 어 갸름한 코가 알맞은 높이로 솟아 있고, 넓은 눈두덩 아래에는 긴 눈이 가늘게 그려져 있다. 그 아래로 부드럽게 언덕을 이룬 두 뺨과 큰 턱이 조화되어 둥글고 풍성한 덕성스러운 얼굴을 형성하고 있다. 이 얼굴의 인상적인 부분은 입의 표정이다. 신라의 보살들은 대개 윗입술이 아랫입술을 감싸듯하고, 입 언저리에 깊은 홈을 파 이지적(理智的)인 미소가 나타나는데 이 보살은 윗입술보다 아랫입술이 더 크게 표현되어 누구에게나 정다움을 느끼게 하는 부담 없는 얼굴이다.

두 귀에는 화려한 귀걸이가 달려 있고 좌우 어깨어는 연꽃송이로 장식된 수발(垂髮)이 덮여 있다. 오른손은 화려한 보상화(寶相華) 가지를 들어 가슴 앞에 올리고 왼손은 설법인을 표시하여 왼쪽 어깨 부근에 들었는데, 다정하고 부드러운 표정은 이 두 손에 반복되고 있다. 왼손은 중지와 네째 손가락을 굽혀 엄지와 마주 대고 둘째 손가락과 새끼손가락을 펴서 손바닥을 앞으로 하여 들었다. 손가락들의 변화도 다양하지만 맑은 피가 도는 듯 따스한 감을 느끼게 한다.

팔찌가 끼어 있는 손과 손 사이에는 승기지 자락이 보인다. 허리에는 치마끈이 매어져 있고, 그 자락이 의자 위로 흘러내리고 왼쪽 발은 그 자락 위에 편안히 놓여 있다. 오른쪽 발은 의자 아래로 내려 놓았는데, 구름 속에서 한 송이 연꽃이 솟아나와 보살의 오른발을 받들고 있다. 이 보살의 천의 자락은 참으로 재미있게 처리되었다. 천의 자락은 두 어깨에서 좌우 팔목을 거쳐 두 무릎 아래로 흘러내렸다가 다시 곡선을 그리며 무릎 위를 돌아 의자의 양쪽에 흘러내려서 구름으로 융화되어 사라져 버리는 모습이다.

몸체 뒤에는 무지개 모양으로 신광이 나타나 있고 머리 뒤에는 달무리 같은 둥근 두광이 부드럽게 어리어 있다. 패어진 감실은 그대로 주형광배(舟形光背)를 나타내고 있으니 어느 하나 재치 있게 나타나지 않은 것이 없다. 배광 위에는 차양(遮陽)을 달았던 흔적 (길이 127, 두께 8.2센티미터)들이 있으나 이곳을 건축으로 덮었다는 일인(日人)들의 이야기는 거짓말이다. 이러한 환경을 택하여 부처를 새긴 사람들이 불상과 자연을 차단시켰을 리 만무하기 때문이다.

이 보살상을 반가상이라 표현한 책이 많은데 잘못된 생각이다. 오른쪽 무릎 위에 왼발을 얹고, 왼쪽 무릎 위에 오른(또는 반대로) 발을 얹은 자세를 결가부좌라 한다. 결가부좌한 자세에서 어느 한 발을 내려놓고 앉은 자세를 반가상(半跏像)이라 하지만 이 보살은 왼쪽 발이 무릎 위에 있지 않고 결가부좌를 모두 풀어 놓고 앉은 자세이다. 이렇게 편안히 앉은 자세를 유희좌(遊戱坐)라 한다. 그렇기 때문에 이 상은 보살 유희좌상이라 불러야 하는 것이다. 근래에 이곳에 신선암(神仙菴)이라는 암자가 있어 신선암 보살상이라 부르고 있지만 원래는 칠불암에 예속되었던 불상이었을 것이다. 부드럽고 화려한 조각 솜씨로 보아서 성덕대왕 신종의 소리가 울려 퍼지던 8세기 후반 작품일 것이라 추정되는데 칠불암은 유구한 세월을 두고 향연을 올렸던 절이다.

수미산 세계의 환상

용장사 탑

용장골에 들어서서 동북쪽 산봉우리를 쳐다보면 흘러가는 구름이 걸릴 것만 같은 높은 봉우리 위에 새파란 하늘을 배경으로 하여 하얗게 웃음 짓는 삼층 석탑이 사람의 마음을 하늘로 끌어올린다. 기단 밑에서 삼층 지붕까지 4.5미터밖에 안 되는 작은 탑이지만 지금 용장사 터에 가장 장엄한 위엄을 나타내는 유물로서 어느 곳에서 보나 한번 올라가 보고 싶은 마음을 불러일으키는 위력을 지녔다. 탑의 모양도 신라 석탑에서 흔히 보는 석가탑 양식으로 볼 수 있는데 유일하게 다른 것은 하층 기단이 없고, 바위산 위에 직접 상층 기단(上層基壇)부터 쌓은 점이다.

이 탑은 계곡에서 약 200미터나 되는 높은 바위산을 하층 기단으로 삼고 그 위에 상층 기단을 쌓고 옥신과 옥개를 얹어 삼층탑(三層塔)을 쌓았으니 하층 기단인 바위산은 바로 8만 유순 되는 수미산(須彌山)이 되는 것이다. 바위산 산정은 사왕천(四王天)이며 상층 기단은 도리천(忉利天)이다. 그 위층들은 구름 위에 뜬 여러 부처님 나라가 되는 것이다. 높이 5미터 정도밖에 안 되는 작은 탑으로서 하늘 세계에 연결되는 크나큰 감격을 나타내었으니 이러한 아름다움은 재주로도 나타낼 수 없고 힘으로도 나타낼 수 없는 일이다.

오직 맑고 깨끗한 부처님 세계를 그리는 신앙(信仰)의 정열만이 이런 오묘한 세계를 구상할 수 있는 것이리라. 이 탑은 상층 기단에 기둥(隅桂와 撑桂)이 셋으로 된 것과 옥개 받침이 4단인 것으로 봐서 신라 사람들이 수미산을 동경하던 9세기초에 세운 것으로 추측된다.

삼륜대좌불

하대석은 직육면체(249×136×106센티미터)의 자연석을 윗면만 가공하여 지름 117센티미터 되는 중대괴임을 둥글게 새겨 놓은 것이다. 그 위에 북(鼓) 모양으로 생긴 기둥돌 세 개와 쟁반 모양으로 된 둥글고 넓은 반석(盤石)을 사이사이 서로 바꾸어 얹어 3층으로 쌓은 이상하게 생긴 대좌인데 그 위에 결가부좌한 부처를 모셔 놓은 것이다.

삼륜대좌의 높이는 209센티미터이고 불상 높이는 무릎에서 어깨까지 1.4미터 된다. 이 석상은 대좌가 탑의 상륜부(相輪部)처럼 둥글둥글하게 솟아오른 것도 기이하지만 층층의 비례와 변화는 특히 아름답다. 북 모양 기둥들은 올라갈수록 지름이 축소되어 균제(均齊)의 안정감을 나타내었다. 높이는 1층과 2층이 같고 3층은 약간 낮게 하여 변화를 주었으며 둥근 원반석은 1층만 유난히 넓게 하여 1층에도 변화를 주고 있다.

원반석 밑에는 1단씩 받침이 새겨져 있는데 큰 변화 없이 원반석 크기에 비례하고 있다. 그러나 원반석 위에 새긴 기둥 괴임에는 크게 변화를 주어 첫 층에는 2단으로 크게 나타나 있고 2,3층에는 조용히 1단으로 처리되고 있다. 또 원반석의 1,2층은 소박한 원반인데 비해 3층은 화려한 연꽃송이로 되어 있는 점도 큰 변화라 하겠다. 둥글둥글 다양하게 변화를 일으키며 솟아오른 이 삼륜대좌(三輪臺座)의 높이는 기단석 길이와 정삼각형을 이루고 있다.

삼각형의 가장 안정된 형상으로 비례와 비례가 서로 어울려 신비로운 균제미를 지닌 이 삼륜대좌 위에 촉지항마인상을 표시한 부처님이 앉아 계시다. 갓핀 듯한 싱싱한 세 겹 연꽃(지름 104, 높이 47센티미터) 위에 결가부좌하여 오른손은 무릎 위에 선정인(禪定印)하여 놓고 왼손은 무릎 아래로 향하는 항마인을 표시하고 있다. 두 어깨를 덮고 흘러내린 가사깃 사이로 승기지가 티스듬히 가슴을 가리었고 동여맨 군삼 끈이 곱게 매듭을 짓고 있다.

이 불상의 옷맵시에서 특이한 것은 왼쪽 어깨에서 드리워진 가사끈의 수실이다. 이 때문에 이 불상을 승상(僧像)이라 불러 왔지만 틀린 표현이다. 신라에는 승상이 연꽃 위에 앉는 예는 없으며 연꽃 위에는 여래상이나 보살상들이 앉아 있다. 우리나라 불상에 가사끈이 드리워져 있는 상으로는 승상이나 지장보살상이 있는데 이 불상은 머리가 없어졌으므로 무슨 상인지 알 수 없다.

「삼국유사」에 의하면

"용장사(茸長寺)에는 높이 열여섯 자 되는 돌미륵상이 있었는데 이 절 주지로 계시던 대현(大賢) 스님께서 이 미륵상을 돌며 염불하셨다. 이 때 돌미륵상도 스님을 따라 머리를 돌렸다."

라는 기록이 있다.

이 삼륜대좌불 높이가 대좌까지 합하면 열여섯 자쯤 되니 그 미륵상이 이 부처가 아닐까 한다. 세 개의 쟁반을 포개어 놓은 듯 신기한 모양을 한 이 대좌는 수미산이다. 절터의 왼쪽을 둘러막고 솟은 이 산은 부처님이 계신 수미산이고 윗면만 약간 다듬은 하대석 위는 수미산 정상인 사왕천(四王天)이다.

쟁반같이 둥근 첫 원반석(圓盤石)은 제석천이 계신 도리천(忉利天)이고 중간의 원반석은 야마천(夜摩天)이다. 맨 위의 연꽃을 새긴 원반석은 도솔천(兜率天)이 되는 것이다. 도솔천에는 미륵보살이 계시어 많은 보살들과 사람들에게 설법하고 계시다고 한다. 이 땅을 부처님의 국토로 실현하기 위해서 이와 같이 험난한 산세를 극복하고 자연의 지형을 살려 도솔천 위에 미륵부처님을 모셔 놓은 것이다.

또 대좌의 하대석을 반가공으로 하여 자연과 인공을 연결하여 놓은 것도 신라인의 슬기로운 수법이었다. 재주를 좋아하는 사람들은 빈틈 없이 손질하기를 좋아한다. 그러나 이곳에서는 재주를 생략(省略)하고 인공을 감춤으로써 자연과 조화를 이루고 있는 것이다. 자세히 살펴보면 북 모양으로 된 기둥돌의 윤곽선에도 조심성 있는 변화가 배려되어 있다. 첫 기둥돌의 윤곽선은 기단에 어울리도록 직선에 가깝고 이층 기둥돌의 윤곽은 아주 휘어진 곡선으로 되어 있으니 위층의 연꽃이나 연꽃에 덮인 상현좌(裳縣座)의 잘게 물결치는 옷주름에 자연스럽게 조화된다. 옷자락이 흘러내려 연꽃 대좌를 덮고 있는 것을 상현좌라 한다. 상현좌로 나타난 마지막 불상은 706년 성덕대왕(聖德大王)께서 황복사(皇福寺) 탑에 모셔 놓은 순금 아미타여래 좌상이다. 그렇다면 이 불상의 제작 연대를 같은 시기로 봐도 무방할 것이다.

마애 석가여래 좌상

삼륜대좌불(三輪台坐佛) 북쪽은 기암과 괴암으로 솟아올라 높이가 10여 미터나 된다. 그 위에 삼층 석탑(三層石塔)이 서 있다. 삼륜대좌불 동쪽에는 높이 5.5미터, 나비 3.6미터 되는 깎아 다듬어 놓은 듯한 절벽 바위 면이 남쪽으로 향하여 있다.

이 바위 벽면에 부처님이 앉아 계신다. 넓게 핀 연꽃 위에 촉지항마인상을 하고 결가부좌한 석가여래상이다. 대좌의 연꽃은 하늘에 떠 있는 듯한 환상적인 느낌을 준다. 정면의 꽃잎은 크게 나타내고 양옆으로 가면서 점점 작게 나타내어 끝에 가서는 구름같이 사라져 버리도록 조각하였기 때문이다.

연꽃 위에 결가부좌하여 두 어깨를 펴고 촉지항마인상을 표시한 모습에서 엄격하면서도 자비로운 부처님의 마음씨가 피어나온다. 머리 길이의 반쯤 되는 자리에 눈썹이 반달처럼 길게 그어졌고, 두 눈썹 사이에서 시작된 예리한 콧등은 얼굴 길이 3분의 1쯤에서 고운 코를 형성하였다. 굳게 다문 입술은 양가에 힘을 주어 긴장된 표정인데 풍성한 두 뺨과 군살이 진 듯한 턱의 부드러운 곡면은 그 긴장을 풀어 엄격하면서도 자비로운 미묘한 표정을 만들어 내고 있다. 가늘게 그어진 눈은 윗시울이 곡선으로 그어져 있기 때문에 미소가 어려 있다.

육계는 덩실하여 넓은 얼굴과 조화를 이루었고 머리카락은 나발로 표현되었다. 이 불상에서 무엇보다 인상적인 것은 잘게 주름진 옷주름이라 하겠다. 무늬 없는 두광과 신광이 소박하게 두 겹의 선으로 그려져 있기 때문에 가늘게 주름잡아 몸체를 감싸며 흐르는 옷주름들이 유난히 보는 이의 가슴에 잔잔하게 물결쳐 온다.

이러한 옷주름은 인도 굽타시대 불상의 영향이라 짐작되는데 왕정골 여래 입상도 같은 방법이다. 이 불상은 높은 바위 봉우리 위에 있다. 사람들이 땀을 흘리며 힘들게 올라갔을 때 바위 속에서 살며시 나타나 "이제 오느냐" 하고 반갑게 맞아주는 듯한 인상을 주는 부처님이시다.

용장사 절터

골 입구에 있는 마을 이름이 용장리(茸長里)로 전해 오고 계곡 이름도 용장골이라 불리어오는 것은 모두 용장사에서 기인된 것이다. 용장사는 이 골짜기의 주인격일 뿐 아니라 남산 전역에서도 손꼽히는 대가람(大伽藍)이었다. 통일신라 중엽에서 조선조 중엽까지 긴 세월을 두고 향연이 타오르던 대가람이 지금은 다 없어지고 건축을 세웠던 돌축대만 남아 있다.

동서로 약 70미터, 남북이 40여 미터 되는 지역에 대소 11단의 돌축대가 남아 있다. 터에 올라서서 앞을 내다보면 하계는 아득하여 속세와는 단절되고 새로운 하늘나라에 태어난 느낌이다. 앞을 향해 오른편을 보면 절벽 바위 밑에 자리잡은 은적골 절터들이 눈 아래 보이고 왼쪽을 바라보면 은적암(隱寂庵) 부근의 삼각산이 높게 솟아 있다.

삼각산 너머 멀리 고위산 수리봉이 장엄하게 솟아 있으니 이러한 터는 명당 중의 명당이 아닐까. 풍수지리를 모르는 사람들까지도 감탄하게 된다. 가파르게 솟은 바위산 봉우리마다 탑이 서고 불상이 새겨져 있고 법당, 강당, 대문, 승방 등 수많은 전각과 누각들이 즐비해 있었을 것이다. 이 터는 극락세계가 아니면 도리천에 있는 희견성(喜見城)의 환상을 실제로 이루어 놓은 것이 아닐까?

"황금 궁전들이 칠보로 장엄되어 천 층(千層)이나 높아서 반 공중(半空中)에 솟아 있다. 이와 같은 궁전이 층층으로 세워져 극락세계에 차 있는데 그 전각마다 일곱 겹으로 보배 난간과 보배 그물이 둘러쳐져 있고 보배나무가 줄지어 늘어서 있다. 이것들이 금, 은, 유리, 거거(硨磲), 마노, 산호, 호박 등의 칠보로 되어 있어 곳곳마다 그 웅장한 경치를 이루 말할 수 없으므로 극락(極樂)이라 하느니라."

이상은 극락세계를 설명한 경문의 한 구절이다.

용장사 터에서 웅장한 전각과 누각들이 서 있던 옛 모습을 상상해 그려 보면 위와 같은 극락세계를 연상하게 될 것이다.

용장사

김시습

용장골 깊어 오가는 사람 없네
보슬비에 신우대는 여울가에 움돋고
빗긴 바람은 들매화 희롱하는데
작은 창가에 사슴 함께 잠들었네
의자에 먼지가 재처럼 깔렸는데
깰 줄 모르네 억새 처마 밑에서
들꽃은 떨어지고 또 피는데

김시습(金時習;1435～1493년)의 자는 열경(悅卿), 호는 매월당 이며 강릉 사람이다. 단종이 폐위했다는 말을 듣고 비관하여 중이 되어서 방랑하다가 경주 남산 용장사에 오래 머물렀다. 이곳에서 우리나라 첫 한문 소설인 「금오신화」를 썼는데 중이 되었을 때는 설잠(雪岑)이라 이름했다.

백운대

고위산은 높이 494미터로서 남산의 최고봉이다. 신라 때에는 제일 높은 곳을 수리라 했으니 이 산이 바로 수리산기었다. 이 산의 북면은 열반골, 은적골 등 장엄한 바위산으로 이루어졌고 서쪽 면은 고원 지대로 천하의 명당 천룡사 터가 있다.

동쪽으로는 봉화대를 마주 보고 있는데 남쪽 면은 분위기가 다르다. 바위 하나 없는 흙더미 산이 남쪽에 덩실하게 솟아 있는데 천왕지산(天王之山)이라 부른다. 사천왕들이 지키고 있는 사왕천이라는 뜻이다. 수미세계에서 사왕천 위는 도리천, 야마천(夜摩天), 도솔천이 된다. 석가부처님의 어머니가 계시고 미륵보살이 계신 도솔천은 우리 조상들이 동경하던 곳이다.

천왕지산에는 쪽박골, 대마골, 수영골, 천왕지골, 백운골 등 여러 갈래의 계곡이 있어 여울물들이 남으로 흘러 별내(星川)로 들어간다. 별냇가에는 아랫별내, 윗별내 마을이 있고 더 깊은 곳에 백운 마을이 있다. 백운 마을에서 고위봉을 쳐다보면 백운골 산정은 언제나 구름 위로 보일 때가 많다. 그래서 계곡 이름도 백운골로 불리어 온 것이다.

구름 위에 솟아오른 바위 봉우리에 한 선방(禪房)이 있는데 선방 이름이 백운대이다. 지금 선방은 없어지고 터만 남았는데 바위와 바위 틈을 돌축대로 보충하여 길이 5미터, 나비 3.5미터 되는 작은 건물 터로서 혼자 앉아 사색에 잠길 만한 넓이다. 이 터에 앉아서 앞을 내다보면 속세는 보이지 않고 높은 마석산(磨石山) 정상이 보일 뿐이다. 별내 계곡에 구름이 깔리면 속세와는 단절된 구름 위의 하늘나라가 된다. 속됨을 벗어나려는 신라 사람들의 노력은 높은 바위 봉우리에 하늘 암자를 지었던 것이다. 이 부근에는 많은 기왓조각들이 흩어져 있어 구름 위를 나는 듯이 추녀를 펴고 솟았던 누각의 아름다움을 속삭여 주는 듯하다.

백운대 서쪽에 백운암이라는 작은 암자가 있다. 신라의 큰 사찰로서 이 터에는 성벽을 연상하리만큼 큰 돌축대가 있다. 길이 2미터, 높이 1.5미터쯤 되는 큰 돌로 쌓은 축대인데 높이가 5미터, 길이가

16미터나 된다. 돌축대 위에는 14×16미터 되는 넓은 터가 있고 신라 때 것으로 보이는 돌축대가 여기저기 있다.

수리산을 주산으로 하고 마석산을 안산으로 한 이 터는 쳐다보는 이들에게 큰 동경의 대상이 되었을 것이다. 배경은 웅장하면서도 아기자기한 바위 봉우리들에 감싸여 있는 넓은 터다. 이 터에 있었던 큰 가람의 이름은 무엇이었는지 모르지만 부근에는 천주사(天住寺)라는 절터가 있다.

천동탑

천동탑은 남산 동면 칠불암으로 가는 봉화골 어귀 북쪽 골짜기인 천동골 사지에 있다. 약 2미터 높이에 한 변 나비 60센티미터 정도 되는 돌기둥에 100개 가량의 감실이 패어져 있는 특이한 탑이다. 감실의 크기는 일정하지 않으나 대략 높이 15, 나비 13, 길이 6.5 센티미터를 전후한 크기이다. 골짜기의 이름이 천동골(千洞谷)이라 불리고 있는 것은 이 탑이 중국 천불동(千佛洞)을 모방하여 만든 탑이라는 것을 암시한다. 신라에도 통일을 전후해서 밀교가 들어와 많은 종류의 부처님들을 섬기게 되는데 그 중에서도 천불천탑 신앙이 성행하였던 모양이다.

석장사(錫杖寺) 터에서 발견된 천불천탑 벽돌이나 석굴암에서 발견된 작은 석탑 등은 그러한 신앙이 유행하고 있었음을 입증해 주고 있는 것이다. 천불 신앙이란 과거 천불, 현세 천불, 미래 천불을 합한 삼세 천불을 공양하면 가장 큰 복을 받는다는 신앙이다. 대개의 경우에는 한 개의 벽돌에 3불 3탑을 새겨 천 개를 쌓아 만든 탑을 공양하였는데 이곳에서처럼 돌기둥에 감실을 파 놓은 예는 다른 곳에서 볼 수 없다.

  중국 돈황 석굴(敦煌石窟)이나 맥적산(麥積山) 석굴에서는 천 개의 감실을 파서 천 개의 불상을 모셔 놓고 천불동이라 부르며 신앙하는데 여기서는 바위 기둥에 감실만 파 놓았다. 감실은 부처님이 계시는 곳이다. 한 감실 속에 10체의 부처님이 계신다고 계산하면 100개의 감실 안에 천 체의 부처님이 계신 탑으로 계산될 수 있다.

  이곳 가람은 높이 1.7미터, 길이 13미터 되는 축대를 거석으로 쌓고 축대 면에서 6미터 가량의 여유를 두고 산비탈 쪽에 치우쳐 높이 50센티미터, 길이 나비 모두 9미터 되는 법당 터가 있다. 천동탑은 법당 앞 양쪽에 서 있는데 동탑은 서 있고 서탑은 동강난 채 넘어져 있다. 중국의 천불동 신앙은 이렇게 남산에까지 흔적이 남아 있는 것이다. 주방(廚房) 터였다고 생각되는 곳에 디딜방아 터가 남아 있고 높은 바위에 축대를 보충하여 쌓은 선방(禪房) 터도 있다. 선방 터에서 바라보면 역시 속세는 보이지 않고 자신은 하늘에 떠 있는 것처럼 느껴지니 이러한 사상은 모두 수미산 위 부처님 나라를 우리 지상에 모시려던 통일 전후 우리 조상님들의 신앙이었다.

서민 모습으로 나타난 부처님

경흥 스님

신라 30대 문무왕이 돌아가시기 전 태자(신문왕)에게 말했다.
"임금은 어려운 자리이다. 언제나 훌륭한 분들의 자문을 받아
충분히 생각한 다음 실천하라. 경흥 스님 같은 분은 훌륭하시다."
라고 하시며 뒷일을 부탁했다.

태자는 임금이 된 다음 경흥 스님을 불러 국사(國師)로 모신 후,
"아버님께서 추천해 주신 스승님이십니다. 아버님 대우로 모시겠
읍니다. 대궐로 들어오실 때에는 말을 타신 채로 들어오십시오."
라고 말했다.

그 후부터 경흥 스님은 말을 탄 채로 대궐에 드나들었다. 경흥
국사의 말에는 금과 은으로 장식했고 가사와 관과 모든 것이 금과
은으로 장식된 화려한 것이었다. 경흥 국사 행차 때에는 많은 사람
들이 모여 우러러 예배했다. 어느 날 구경꾼들 중에 남루한 거지
중이 마른 물고기가 담긴 광주리를 등에 지고 있었다. 경흥 국사를
모시고 가던 종자가 그를 꾸짖었다.

"옷을 보니 불도를 닦는 사람 같은데 어찌 물고기 같은 부정한 물건을 등에 지고 다니뇨?"

중은 웃으면서 말했다.

"이거요. 쳇! 두 다리 사이에 산 고기를 끼고 다니는 중도 있는데 마른 물고기쯤이야 어떻소."

거지 중은 껄껄 웃으면서 가버렸다. 경흥 국사는 거지 중을 뒤따라 가보라 했다. 거지 중은 남산 문수사 문 밖에서 사라져 버렸는데 광주리와 지팡이는 법당 안 문수보살상 앞에 있었다. 광주리에 든 것은 물고기가 아니라 소나무 껍질이었다. 종이 돌아와 이 사실을 알리니 경흥 국사는 말에서 내려 남산을 향해 정중하게 절했다. 화려한 가사와 관을 벗어 말 안장에 얹으며,

"지금 문수보살께서 오셔서 내가 말 타고 다니는 것을 크게 꾸짖고 가셨다. 어찌 말을 탈 수 있겠는가 이 말을 가져가고 내가 평상 시에 입던 가사를 가지고 오너라."

하고 경흥 국사는 그 후부터는 아무리 먼 길에도 말을 타고 다니지 않았다 한다.

신라 사람들은 하늘에서 내려오신 부처님 영이 바위 속에 머물러 계시다가 필요에 따라 형상으로 나타나시는데 언제나 누추한 옷을 입고 서민의 모습으로 나타난다고 믿었다. 그 때마다 어려운 경문을 설하는 일이 없고 구수한 이야기로 농담을 한다. 그 때문에 남산에 있는 석불들은 시골 사람처럼 생긴 얼굴이 많다. 서민들과의 사이에 벽이 없는 얼굴, 꾸밈이 없는 그 얼굴이 바로 우리 부처님들이시다.

배리삼존불

경주에서 남산 서쪽 기슭으로 5킬로미터쯤 가면 선방사(禪房寺) 터에 삼존석불이 있다. 이 불상들은 이곳에 넘어져 흩어져 있던 것을 1923년 다시 세워 놓은 것이다. 남산 동면의 감실 불상이나 장창골 삼존석불과 같이 7세기 초기 불상들로서 농담을 걸어올 듯한 친근한 얼굴들이다.

본존여래상

길이보다 나비가 더 넓어 보이는 풍만한 얼굴에 크게 반원을 그린 눈썹이 깊이 패어져 있고 눈두덩은 부풀어 올라 가느스름한 눈시울에 그늘을 지우며 두 눈이 천진스럽게 웃음 짓는다. 짧은 코 아래 도톰한 입술, 그 양가에 언덕을 이룬 두 뺨에도 화사하게 미소가 어려 있다. 두 눈썹 사이에 백호가 뚜렷하고 머리는 나발(螺髮)로 표현되었는데 머리카락이 없는 부분이 있다. 이 부분을 사족(蛇足)이라 한다.

"부처님의 머리카락 밑에 있는 피부 색은 붉은빛이다."
라는 경문의 구절을 나타내기 위해 머리의 일부는 머리카락을 그리지 않았다.

이러한 방법을 조각으로 표현할 때 육계 밑에 붉은 색깔의 보석을 박는 예도 있기는 하지만 신라 불상으로서 사족을 나타낸 예는 극히 드문 일이다. 모난 발이 든든하게 대좌를 밟고 서 있는데 두꺼운 가사에는 굵은 옷주름이 조심스럽게 그어져 구수한 느낌을 준다.

두려운 일을 없애 주겠다는 약속과 무슨 소원이든 들어주겠다는 약속으로 수인은 통인(通印)을 결하였다. 이 불상의 표정에는 부처라는 위엄도 없고 거룩한 자비도 느낄 수 없다. 시골 아저씨가 동네 아이들을 대하듯 꾸밈 없는 정감이 넘친다. 재주를 감추고 세부를 생략한 우리 겨레의 자연스러운 심성이라 하겠다.

관세음보살상

사랑의 화신인 관세음보살상은 여래상의 왼편에 선다. 지금 연화 대석은 없어졌고 대신 네모난 바위 위에 서서 오른손은 설법인으로 가슴에 들고 왼손은 아래로 드리운 채 정병을 쥐고 있다. 보름달 같은 둥근 얼굴에 눈, 코, 상현달 같은 입도 모두 자그마하게 나타나 있다. 두 뺨은 조용하게 언덕을 이루고 입가에는 화사하게 웃음을 띠고 있다.

머리 뒤에는 무늬 없는 두광이 둥글게 배치되었고, 머리는 삼면두 식으로 장엄되었다. 중앙에는 아미타여래의 화불(花佛)을 새겨 관세 음보살임을 표시했고, 머리 양쪽에는 관대의 끈이 나비 날개처럼 매듭을 지어 그 자락이 귀 언저리로 흘러내려와 두 어깨에 덮여 있다.

목에는 세 개의 영락이 달린 목걸이를 걸었고 가슴에는 승기지 (僧祇支)가 비스듬히 가려져 있다. 허리를 감은 군삼 자락은 발등을 덮었고 양 어깨에 걸친 천의 자락은 배 아래에서 둥글게 원을 그리 며 양팔에 걸렸다가 다시 아래로 구비치며 흘러내렸다. 본존과는 반대로 발이 조금 불안하게 놓여 있다. 그것이 오히려 보살다운 앳된 매력을 느끼게 한다.

대세지보살

본존여래의 오른쪽, 이중으로 된 연꽃 위에 서 있다. 오른손은 영락 자락을 붙잡고 왼손은 연꽃송이를 들고 화사하게 미소 짓는 상이다. 얼굴은 둥글고 눈은 가느스름하며 웃음이 어려 있다. 코는 삼각으로 짧고 입술은 조금 큰 편인데 가장자리가 깊이 패어져 두 뺨이 언덕을 이루면서 얼굴에는 꾸밈 없는 웃음이 넘쳐 흐른다.

턱은 애기처럼 작아서 반대편의 관음상과 대조를 이루고 있다. 머리는 역시 삼면두식으로 장엄되었는데 정면에는 큰 연꽃이 새겨져 있을 뿐이다. 둥근 두광에는 가로 두 줄의 선을 둘렀고 5체의 화불(花佛)과 두 송이의 보상화를 배치하였다. 세 줄로 된 목걸이 중앙에 큰 꽃 한 송이가 달려 있고 허리를 감은 군삼 자락과 동여맨 끈이 선명하다. 두 어깨에 걸친 천의는 오른쪽 어깨에서 왼쪽 팔을 거쳐 흘러내렸고, 왼쪽 어깨에서 흘러내린 자락은 배 아래로 드리워져 원을 그리며 오른쪽 팔목에 걸쳐 흘러내렸다.

이 보살상에서 가장 특이한 것은 두 어깨에서부터 발등까지 드리워진 구슬과 꽃송이로 장식된 굵은 목걸이이다. 이러한 장식은 6세기말 내지 7세기초 중국 수시대 보살상에서 유행되던 장식이다. 불상 연대 고증에 중요한 열쇠가 되는 것이다. 또 이 보살상의 허리에 드리워진 띠 장식도 미륵반가상의 것과 같은 삼국시대 보살상에만 나타나는 것이다. 앙련과 복련 앞으로 된 연화 대좌도 입상의 대좌로 흔히 볼 수 없는 삼국시대 양식이다.

개선사 약사여래상

개선사(開善寺)는 남산 동쪽 오산골(鰲山谷)에 있던 절이다. 이 절터에서 발견된 석판에 돋을새김으로 나타낸 약사여래상은 지금 경주박물관으로 옮겨져 있다. 삭발한 둥근 머리에 육계가 단정하게 솟아 있고 조금 기름해 보이는 얼굴 중앙에는 긴 코가 반듯하게 자리잡고 있다. 선명하게 그어진 긴 눈썹, 조용히 부풀어 오른 눈시울에 그림자가 지면서 사색에 잠긴 눈을 나타냈다.

피가 도는 듯 부드러운 뺨은 무엇보다도 이 불상을 청신하게 느끼게 한다. 아직 속세의 때가 묻지 않은 순결한 소녀를 연상시키기 때문이다. 긴 코, 아래로 꼭 다문 입이 크게 새겨져서 위엄을 나타내었고 입이 크기 때문에 턱은 아기처럼 작아 천진스럽다. 두 귀는 부드러운 곡선으로 목에까지 드리워졌고 목에는 세 개의 주름(三道)이 그어져 있다. 둥그스름한 두 어깨에서 아래로 내린 왼손에 약 그릇을 들어 배 앞에 올리고, 오른손은 가슴 앞에 들었는데 마멸이 심해 수인은 알 수 없다.

편단우견(偏袒右肩)으로 입은 가사는 변화 있는 간격으로 주름잡으며 흘러내려 무릎 아래에 머물고 그 밑으로 군삼 자락이 발등을 덮고 있다. 아기 발처럼 귀여운 발을 양쪽으로 벌리고 서 있다. 얼굴 모습에는 잘 보이겠다는 꾸밈새나 권위도 위엄도 없는 어머니와 같이 따뜻한 정이 스며나오는 참으로 서민다운 부처님이시다.

마애 석가여래상

냉골 선각 아미타석가 삼존상에서 산등성이로 100미터 가량 올라가면 높이, 나비 모두 10미터쯤 되는 절벽 바위가 서 있다. 넓은 암벽은 중앙에 가로 금이 가서 벽면은 아래위로 갈라져 있는데 그 금을 대좌로 삼고 여래 좌상이 새겨져 있다.

몸체는 선각으로 나타냈는데 얼굴만은 돋을새김으로 표현했다. 눈썹과 눈은 아주 가까우며 코는 길고 입술은 두껍고 커서 균형 잡힌 얼굴이라 할 수 없지만 소박한 얼굴에 위엄이 있다. 머리 뒤에는 둥근 원으로 두광을 나타내었는데 중요한 선은 굵게 긋고 옷주름 같은 선은 가늘게 그어 변화를 주었다. 세련되고 점잖은 얼굴이 아니라 농촌에서 막일을 하는 농사꾼 얼굴이다.

부처님께서 필요한 때 형상으로 나타나시되 언제나 서민의 모습으로 나타나시리라 믿은 신라 예술가들은 서민과 부처님 사이에 담이 없는 구수한 인간상으로 부처님을 조성한 것이다. 이 불상은 망산을 마주 보고 있어 바라보는 전망이 좋다. 바로 앞에 흔들바위가 있고 그 옆에 부부바위가 있는데 헤어져 있던 부부가 부처님 덕으로 다시 만나는 듯한 모습을 하고 있는 바위이다.

냉골 선각 여래상

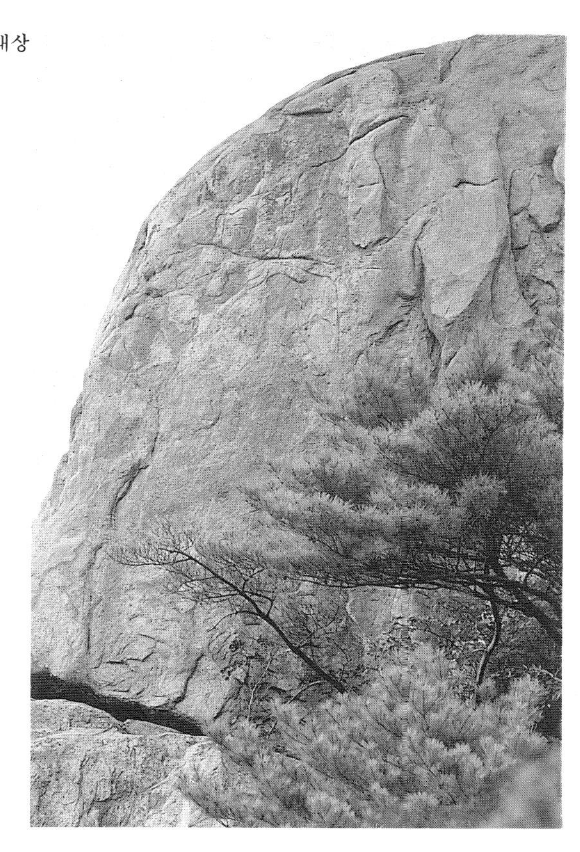

하늘이 조성한 부처님 나라

옛날 신라 서울에 한 각간(角干;진골만이 하는 벼슬)이 있었는데 그에게는 사랑하는 외동딸이 있었다. 어려서부터 맵시와 마음씨가 고와 여러 사람들의 사랑을 홀로 차지하고 자랐다. 꽃다운 나이를 맞이하니 그 아름다움은 마치 하늘에서 구름을 타고 날아오는 비천(飛天)인 듯했다. 이렇게 아름답고 맑은 처녀에게 많은 젊은 사내들이 사랑을 호소하고 권력과 금력으로 유혹했다.

처녀는 마침내 시끄럽고 더러운 속세를 떠나서 부처님의 세계인 열반에서 살 것을 결심하고 아무도 모르게 집을 나섰다. 부모님의 따뜻한 사랑도 여러 사람들이 우러러보는 선망도, 화사하게 꾸민 머리카락도 잘라 버리고 오직 맑고 청정한 부처님 나라로 찾아든 곳이 용장골 오른쪽 첫 계곡인 열반골이었다.

금빛으로 수 놓은 화려한 옷과 은빛 과대며 요패도 벗어 버리고 잿빛나는 먹물 옷으로 갈아 입었다. 아무리 머리를 깎고 먹물 옷을 갈아 입었다 하더라도 숨길 수 없는 것은 꽃다운 나이에 무르익는 살 향기였다. 처녀의 살내음을 맡은 뭇짐승들이 길을 막고 으르렁거렸다. 처녀는 죽는 한이 있더라도 돌아서지 않을 것을 결심하고 짐승들을 피해 염불하며 골짜기로 들어갔다.

골이 깊을수록 무서운 맹수들이 나타났지만 부처님 나라를 동경하는 처녀는 무서운 산속에서도 부처님을 부르면서 정진해 들어갔다. 무서움과 괴로움을 참고 견딘 처녀는 드디어 맹수들의 계곡을 벗어나서 부처님 나라에 가까운 산등성이에 이르게 되었다. 그곳에서 지팡이를 짚고 오는 할머니를 만나 그분의 안내로 고개를 넘어 천룡사(天龍寺)에 이르게 되니 이곳이 바로 하늘에 떠 있는 열반(涅槃)의 세계였다. 처녀는 마침내 모든 번뇌를 씻고 열반에 들어 보살이 되었다는 신라의 이야기다.

열반골 어귀에서 200미터쯤 들어가면 십여 명이 앉아서 놀 수 있는 넓은 바위가 있다. 처녀가 속세의 옷을 버리고 먹물 옷으로 갈아 입었다는 갱의암(更衣岩)이다. 전설의 이야기도 계곡의 풍경도 이 바위에서부터 시작된다.

처녀의 살내음을 맡고 처음 나타나는 짐승은 고양이다. 등을 구부리고 암벽을 기어 내려오는 고양이바위(猫岩)이다. 그 다음 산돼지바위, 산등성이를 넘어오는 작은 곰바위, 간사스러운 여우바위, 날개를 펴든 독수리바위, 바위의 등을 기어오르는 구렁이바위 등 기묘한 형상의 바위들로 차 있다.

조금 더 들어가면 두 개의 계곡이 합치는 자리에 높이 15미터가량 되는 거대한 바위가 솟아 있다. 이 바위 위에 큰 입을 벌린 사자바위가 있는데, 다른 쪽에서 보면 큰곰바위(大熊岩)라 부른다. 큰곰바위 밑으로는 맑은 여울이 폭포를 이루며 흘러내리니 한 폭의 산수화 속에 서 있는 느낌이 드는 곳이다.

이 바위 앞에는 지금 관음사(觀音寺)라는 암자가 있는데 이곳은 신라 때에도 절터였다. 큰곰바위 동쪽 등성이는 온통 바위로 얽혀 있는데 그 형태를 보면 산허리에 호랑이처럼 생긴 맹호암(猛虎岩)과 들소바위가 입을 벌리고 있고 기어오는 이무기바위 등 맹수 모양의 바위들로 차 있다.

큰곰바위 밑에는 산신각이 있는데 그 앞에는 거북(龜岩)바위가 있다. 뭇맹수들 속에서 홀로 수도하는 처녀를 걱정하듯 눈을 크게 뜨고 엎드려 있다. 반대편에는 용바위가 있는데 용처럼 생긴 바위가 아니라 약물이 샘솟고 있으므로 용왕이 거처하고 있는 바위라는 뜻에서 붙은 이름이다.

이곳을 조금 더 벗어나 계곡으로 들어가면 산도 평평하고 물소리도 조용해진다. 고위산 정상 쪽을 쳐다보면 산허리에 높이 10미터 가량 되는 큰 바위가 있는데 그 위에 이상한 돌 한 개가 얹혀져 있다. 그 모양이 대변을 봐 놓은 형상이라 해서 이 바위를 마을 사람들은 분암(糞岩)이라 부르고 장마 때에는 이 바위 틈으로 물이 흘러내려서 뇨암(尿岩)이라 부른다.

사람들은 더러운 것을 피하고 깨끗한 것을 좋아한다. 그러나 더러운 것까지 소중히 생각하고 깨끗한 것과 차별을 두지 않을 때 진리를 깨치게 되는 것이다. 지옥까지도 사랑하는 곳에 부처님이 계시는 것이다. 내 몸 안에 있는 이것들을 내가 왜 더럽다고 피해 왔던가? 언덕 위에 소중한 듯이 솟아 있는 이 분암에서 처녀는 진리를 깨우치게 되었다. 이제 처녀의 마음에는 미움도 더러움도 없이 깨끗해졌으니 구름 없는 하늘과 같았다.

아! 서쪽 산등성이에 지팡이를 짚고 오시는 할머니가 계시다. 지팡이바위, 할머니(할미)바위라 불리우는 이 바위는 깨우친 사람을 극락으로 안내하는 지장보살이시다. 할머니바위 곁에는 흔들바위가 있다. 흔들바위에 올라서서 바위를 흔들면 마치 구름을 타고 떠가는 느낌이 든다.

지장보살은 그 바위 위에 처녀를 태우고 산등성이를 넘으니 그곳이 바로 천룡사였다. 열반의 세계인 천룡사에 이르러 처녀는 영원히 부처님 나라에 사는 몸이 되었다는 것이다. 열반골에는 천연으로 만들어 놓은 조각품이 많으므로 사람의 손을 대지 않았다 한다.
말 없는 바위들에게 의미를 부여하여 열반에 도달하는 과정을 설명
하였으니 신라의 상상력이 얼마나 풍부하였나 새삼 느끼게 된다.

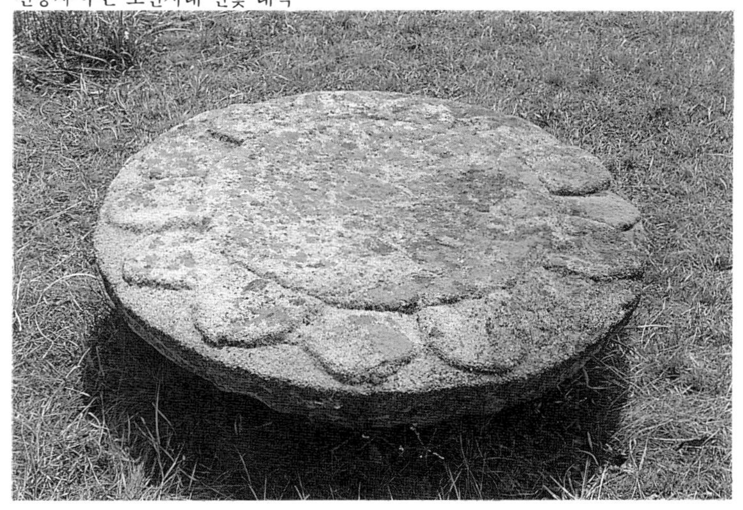

천룡사 부근 조선시대 연꽃 대석

빛 속에 웃음 짓는 부처님들

큰 냉골과 작은 냉골이 합치는 지점에서 조금 더 들어가면 바위와 바위가 구름처럼 솟아 보이는 곳에 절터가 있다. 터의 남쪽으로는 여울물이 소리치며 흘러가는데 바위에 보충하여 돌축대를 쌓은 높은 곳에 절을 지어 부처를 모시고 있다. 절벽 바위에는 부처를 새겨 산과 물과 바위와 부처님이 어울려 숨쉬는 아름다운 터를 이루고 있다.

옛날에는 바위 위에 첫째로 지혜의 불을 밝히는 석등과 탑이 서고 더 높은 곳에는 부처님이 앉아 계시며 전각 속에서는 목탁 소리, 독경 소리가 울려 퍼지던 성스러운 곳이었다. 그러나 지금은 석등도 탑도 흔적마저 없어지고 한 체의 여래 좌상과 선각 마애불, 그리고 전각을 세웠던 약간의 돌축대만 남아 있다. 높은 바위 중간에 안치했던 약사여래 좌불은 지금 국립중앙박물관에 있다. 그 부처님까지 제 위치에 앉혀 놓고 생각할 때 이 가람의 아름다움을 제대로 이해할 수 있을 것이다.

아미타여래 좌상

지금 남산에 있는 많은 불상들이 카메라에 담겨 가는데 언제나 뒷모습만 찍히는 부처님이 계시다. 이 부처님은 통일신라 하대에 만들어진 우수한 작품인데 많은 수난을 받아 이 지경이 된 것이다. 30년 전쯤 아이들 장난으로 화려한 배광은 깨어져 버렸고 10여 년 전에는 깨어진 얼굴을 수리한답시고 시멘트를 발라 추한 얼굴을 만들어 버렸다. 그래서 지금은 앞모습을 찍어 가는 사람이 없게 되었다. 이 불상은 9세기초의 불상 중에서 가장 아름다운 걸작의 하나이다.

우선 이 부처님이 앉으신 연화 대좌는 매우 아름답다. 바위 등성이 위에 면마다 안상(眼象)을 새긴 8각 중대석을 놓고 그 위에 꽃잎마다 보상화를 장식한 두 겹의 연꽃송이로 된 화려한 대좌다.

"못 가운데 연꽃이 있는데 수레바퀴만큼 크고 푸른 꽃에서는 푸른 빛이 나고 노란 꽃에서는 노란 광채가 난다. 붉은 꽃에서는 붉은 광채가 나고 흰 꽃에서는 흰 광채가 나니 묘하고 향기롭고 깨끗하다."

위는 하늘 세계의 연꽃을 말한 경문의 한 구절이다. 부처님은 이러한 연꽃에 앉으신다. 보통 연화대는 밑에 복련(伏連)꽃을 만드는데 이 불상에서는 직접 바위 위에 중대석을 놓아 바위더미가 수미산으로 하대석이 되고 연화 대좌는 하늘에 핀 꽃이라는 뜻을 암시하고 있다. 안상(眼象)은 옛날 귀인들이 앉는 평상(平床)의 발을 말하는 것이니 보상화로 장엄된 연꽃은 극락세계의 부처님 자리이다.

얼굴은 파괴되어 현재는 반만 남았으나 단정하게 솟은 육계며 둥글둥글하게 새긴 나발이며 하계를 내려다보는 가느스름한 눈을 통해 부드럽고 자비스러운 표정이었음을 상상할 수 있다. 목에는 세 겹으로 주름(三道)이 새겨져 있고, 편단우견으로 입은 옷은 얇으며 옷주름이 잘고 몸체는 풍만하다.

이 불상을 황홀한 세계로 보여 주는 것은 뒤에 세웠던 광배(光背)였다. 원형에 가까운 신광(身光)과 보주형으로 된 두광이 합쳐 이루어진 큰 주형광배(舟形光背)인데, 신광에는 어깨의 선을 확대하여 두 줄기의 넝쿨을 새기고 한쪽에 네 이파리씩 넓은 나뭇잎들이 불상 쪽으로 나부끼는 활기찬 도안으로 나타나 있다.

두광에는 백호를 중심으로 원을 돌리고 그 둘레에는 보주형 꽃잎을 그려 화려한 칠보 연꽃을 피워 놓았다. 그 둘레에 다시 둥글게 해무리를 나타냈으며 신광에는 흔들리는 나뭇잎을 나타내고 두광에는 고요하게 웃음 짓는 꽃을 피워 놓았으니, 번뇌에 찬 사바에서 고요한 안정을 찾는 여래의 모습을 느끼게 된다. 배광 둘레에는 불길이 춤추듯 활기 있게 새겨져 있다.

이 불상은 어느 곳에서 보아도 아름답다. 곁에 있는 바위와 계곡 등에 잘 조화되도록 배치되었으나 이곳에는 집을 지었던 흔적이 보이지 않는다. 집을 지어서 오히려 분위기가 조화롭지 않을 경우 부처님께서는 비바람을 맞는다 해도 집을 짓지 않았다. 가장 참됨이 미(美)라는 것을 확실하게 믿고 살던 신라인들은 자기들의 편리를 위해서 미를 해치는 일은 하지 않았다.

약사여래상

아미타여래상에서 동쪽 등성이는 거대한 바위들이 여러 봉우리로 솟아 여러 가지 형태로 어울려 신비경을 이루고 있다. 이 바위들을 남면에서 보면 높이 수십 미터 되는 두 개의 절벽으로 솟아 있다. 서쪽 암벽은 평면으로 솟았고 동쪽 암벽은 허리에서 단을 이루고 솟아 있다. 그 기슭으로 여울물이 소리 높여 흘러가니 산수를 겸한

절경이라 아니할 수 없다.

동쪽 절벽의 허리에 입체 약사여래상이 앉아 있고 서쪽 절벽 바위 면에 선각 여래상(線刻如來像)이 새겨져 있다. 약사여래상은 이중(二重) 연꽃 대좌 위에 결가부좌하여 왼손은 약 그릇을 들어 배 앞에 놓고 오른손은 무릎 위에 촉지항마인상을 표시하였다. 대좌의 하대석을 팔각 억센 복련꽃으로 새겼고 상대석은 부드럽게 두 겹으로 된 둥근 연꽃송이로 되어 있다. 그 중간에 8각으로 된 기름한 중대석이 끼어 있는데 면마다 안상이 새겨져 있다.

앞뒷면에는 향로가 배치되었고 양옆에는 면마다 보살상이 배치되었다. 연꽃은 깨끗한 부처님의 나라라는 뜻이다. 보살이나 향로를 새기는 뜻은 보살들의 축복을 받는 향기로운 부처님 나라라는 뜻이다. 이러한 방법으로 부처님 나라를 표현하는 것은 9세기경에 유행하던 방법이다.

부처님의 몸체는 사각에 가까울 정도로 키가 작고 무릎 나비가 좁은 까닭에 생동감을 느낄 수 없고 대신 조용한 안정감을 느끼게 된다. 얼굴도 사각에 가까운데 눈은 가늘고 길다. 약간 치켜올라간 눈초리를 따라 눈썹도 양끝이 약간 올라갔다. 코는 단정하고 입은 굳게 다물었다. 두 볼이 아래로 처져 있고 군턱이 있어 엄격한 표정이다.

나발로 표현된 머리에는 육계가 나지막하고 두 귀는 어깨에까지 드리워져 있다. 짧은 목에 세 주름(三道)이 그어졌고 통견으로 입은 가사 주름은 질서 있고 간결하다. 연꽃잎 모양의 배광에는 신광과 두광이 새겨져 있는데 신광은 두 줄의 타원형으로 그려졌고 두광은 두 줄의 원형으로 그려졌다. 두광에는 세 체의 화불과 네 개의 영락을 새겨 장식하였고 신광에는 두 체의 화불과 두 송이의 연화당초를 새겨 장식하였다. 배광 둘레에는 불길(火焰)이 새겨졌는데 생기가 없고 조용하기만 하다.

물소리 요란한 계곡 높은 바위 벼랑에 앉아 사색에 잠긴 이 불상의 모습을 볼 때 이곳은 인간 세상이지만 사바가 아닌 동방 유리광 정토의 환상이다. 이 불상은 1914년 일본 사람들의 손에 의해 서울로 갔는데, 지금 국립중앙박물관에 진열되어 있다. 남산을 떠난 유물들은 모두 죽은 것이나 다름없다. 남산의 불적들은 제자리에 돌아왔을 때 비로소 살아 숨쉬게 될 것이다.

선각 여래불

약사여래의 시선을 따라 서쪽 절벽 바위 면에 여래상이 새겨져 있다. 이 부처님의 바위 밑에는 예배할 자리가 없다. 개울 건너에서 예배하도록 되어 있다. 둥근 얼굴에 육계와 두 귀, 두 어깨로 흐르는 선들이 밑에 있는 아미타불과 닮은 점이 많다. 몸체는 떨어져 나갔고 지금은 어깨에서 윗부분만 남아 있는데 육안으로는 잘 보이지 않는다. 석양에 햇빛이 바위 면을 스쳐 지날 때 하루 한순간만 선명하게 모습을 보이는 신비한 불상이다. 입체로 앉은 두 여래상 사이에 하늘 높이 선각으로 불상이 떠 있으니 그 신비한 모습은 형용하기 어렵다.

부엉골 여래 좌상

부엉골 부엉드미 맞은편에 석양이면 금빛으로 빛나는 바위가 있다. 그 빛나는 부분에 여래 좌상을 선각으로 나타내었으니 바위 속에 금빛 부처님이 계시다는 우리 조상들의 신앙이다. 계림 숲에 닭이 우는 소리를 듣고 가보았더니 나뭇가지에 금빛 궤가 달려 있어

열어 보니 그 속에서 사내 아기가 나왔는데 그 아기가 우리 조상이
라는 이야기가 있다.

닭이 울어 어두움을 몰아 내고 밝음이 오면 아침 해가 떠오른
다. 떠오르는 햇빛을 받아 찬란히 빛나는 금빛 속에서 우리 조상이
태어났다. 이처럼 찬란한 금빛은 조상의 꿈이고 신앙이었다. 부엉골
왜비절터의 주봉이 되는 바위 봉우리를 황금대라 부르는 것도 석양
에 금빛을 발하는 바위들로 이루어졌기 때문이다.

약수골 절터

약수골로 들어가면 가파른 산등성이 길로 올라가야 한다. 절터는
정상에서 약 200미터 낮은 산허리에 자리잡고 있다.

배경이 평범한 이런 곳에 왜 높이 10미터, 길이 33미터, 나비
13미터 되는 돌축대를 쌓아 부처님의 터를 잡았을까?

그러나 이 축대 위에 서서 보는 전망은 황홀하다. 수없이 많은
크고 작은 기둥바위들이 마치 불·보살들이 서 있는 듯 착각을 일으
킨다.

더욱 인상적인 것은 왼편 산등성이에 구름처럼 떠 있는 삼형제바
위다. 발 아래 속세는 푸른 구름(松林) 밑으로 사라져 버리고 배리
(拜理) 벌판 건너 멀리 망산(望山)과 벽도산 그리고 단석산(斷石
山) 연봉들이 파도처럼 펼쳐져 있다. 온종일 세상을 비추던 태양은
하늘을 금빛으로 물들이며 사라져 간다. 그곳에 서방정토 극락세계
가 있다.

원왕생가

광덕의 처

달님이시여 이제
서방까지 가시어서
무량수 부처님 앞에
말씀 이르시다가 사뢰어 주소서.
다짐 깊으신 부처님께 우러러
두 손 모두옵고
원왕생 원왕생
그리워하는 사람이 있음을
사뢰어 주소서.
아으! 이몸 버려두고
사십팔 대원이 이룩될까 저어라.

　신라 사람들이 얼마나 서쪽을 그리워하며 살았는지 이 노래로 짐작할 수 있다. 산등성이와 산등성이 너머로 노을이 지며 태양이 사라질 때 기러기들도 너울너울 서쪽으로 날아간다. 찬란한 부처님 세계로 가는 길을 보기 위해 가파른 이 산허리에 힘들여 높은 축대를 쌓고 부처님을 모셨던 것이다.

냉골 관세음보살상

　방글방글 미소를 머금고 오른손은 설법인을 표시한 채 가슴에 올리고, 왼손은 정병을 들어 아래로 드리운 관세음보살상이 하늘에서 내려오신다. 머리에 쓴 보관에는 아미타여래의 화불을 새겨 관세음보살상임을 나타냈고 목걸이, 팔찌 등으로 화려하게 몸을 장식했다. 군삼을 동여맨 끈은 배 앞에서 나비 날개처럼 마듭을 짓고 남은 자락은 아래로 흘러내렸다. 따스한 촉감이 느껴지는 고운 복련꽃 대좌 위에 귀여운 발이 놓여 있다.

이 불상은 약간 남쪽으로 치우친 서향으로 서 있는데, 정면으로 내다보면 화실(花谷) 부근의 산봉우리들이 겹으로 솟아 있고 강정산(江亭山)이 정면으로 보인다. 강정산 밑으로 흐르는 기린내가 이 산기슭에서 방향을 바꾸어 보살상을 향해 흘러들어오는 것처럼 보인다.

태양이 서쪽 하늘을 물들일 때, 노을이 강물에 반사되어 관세음보살상의 얼굴에 비치니 보살상의 모습은 서방정토를 바라보며 붉게 상기되어 화기에 찬다. 고향의 스승님 아미타여래에게 보내는 보살상의 밝은 웃음에는 누리의 환희가 차고 넘는다. 석굴암 아침 정경은 못 보면 한이 된다는 말이 있듯이 저녁빛에 조명되는 이 보살상의 모습도 꼭 보아야 한다. 남산의 많은 불상들은 빛 속에서 웃음 짓는 모습들이다.

도솔천의 미륵불

　삼월 삼짇날 경덕왕은 대궐 귀정문(歸正門) 누(樓)에 올라 신하들에게 말했다.

　"누가 훌륭한 스님 한 분을 모셔 오너라."

　이 때 옷차림이 깨끗한 스님이 지나가기에,

　"저분을 모셔 오리까?"

하니 임금은 머리를 저으며,

　"내가 찾는 스님이 아니다."

하였다. 또 남루한 옷을 입은 스님이 삼태기를 지고 남쪽에서 오고 있었다. 임금은 그 스님을 불러 오라 했다. 삼태기 속에는 차 끓이는 기구들이 들어 있었다.

　"어디서 오오?"

　"저는 해마다 삼월 삼짇날과 9월 9일이 되면 삼화령의 미륵 세존께 차를 공양해 왔읍니다. 오늘이 삼월 삼짇날이라 차를 공양하고 오는 길입니다."

　"나에게도 차 한 잔 줄 수 있겠소?"

　중은 차를 달여서 왕께 드렸는데 맛이 이상하고 향기가 풍기었다.

왕은 말했다.

"차 맛이 훌륭하오 그대는 누구요?"

"충담(忠談)이라 합니다."

"내 들으니 기파랑을 찬미한 '사뇌가(詞腦歌)'가 뜻이 깊다 했는데 찬기파랑가를 지으신 스님이시오?"

"그렇습니다."

"그렇다면 나를 위해 나라를 다스려 편안할 노래를 지어 주오."

중은 그 자리에서 안민가를 지어 바치었다. 임금은 그를 국사(國師)로 모시려 했으나 충담은 두 번 절하고,

"중이 할 일은 따로 있읍니다."

하고 가버렸다.

충담 스님이 해마다 차를 공양하던 미륵 부처님은 생의사(生義寺) 부처님이시다.

선덕여왕 때 생의 스님은 도중사(道中寺)에 살았다. 어느 날 한 중이 와서 스님을 남산으로 데리고 갔다. 산 남쪽 골짜기에 이르러 풀을 묶어 표를 해놓고 지금 내가 이곳에 묻혀 있으니 스님은 나를 파 내어 고개 위에 편히 있게 해달라고 부탁했다. 성의 스님이 깨니 꿈이었다. 이상하게 생각하여 친구와 함께 꿈에 본 곳을 찾아가 파 보았더니 그 속에서 돌미륵이 나왔다.

스님은 돌미륵을 삼화령(三花嶺)에 모시고 절을 지어 생의사라 했다. 그해가 선덕여왕 13년, 서기 644년이었다. 지금 생의사 터는 축대만 남아 있고 부처님이 계시던 자리에는 큰 연화 대좌만이 남아 있다. 절터에서 부처님의 대좌가 있는 정상을 쳐다보면 아득히 높다. 대좌 서남쪽 바위에 비석을 세웠던 자리가 있는데 지금 비석은 없어졌다. 이곳의 비밀을 비석만이 알고 있을 터인데…….

「삼국유사」 효선 제9 빈녀양모(貧女養母)조에는 삼화령을 삼화수리라 했다. 영이나 수리는 다 높다는 뜻이다. 사람의 몸에서 제일

높은 곳을 정수리라 한다. 삼화수리란 세 곳의 높은 곳으로 풀이되니 첫째로 높은 곳은 수리산이고 다음 수리는 금오산, 세째 수리는 용장골 정상으로 큰 연화 대좌가 있는 봉우리이다. 이 대좌에 서서 사방을 바라보면 모든 절터는 발 아래로 보이며 또한 용장벌, 조양벌, 옛 서라벌은 하계(下界)에 아득하다.

연화대 지름이 2.18미터 되니 얼마나 크고 거대한 부처님이 서 계셨을까? 혹은 앉아 계셨을까? 이 대좌에서 남쪽으로 200미터 거리에 언양재가 있다. 옛날에는 이 고개를 넘어 언양을 지나 부산 방면으로 통하던 길이다. 귀중한 물건들을 가지고 넘어야 하는 사람들에게는 이 험한 산길이 얼마나 위험했을까? 이 부처님은 나그네를 보호하는 책임도 맡고 있었으니 지성으로 부처님께 의존하고 넘나들었을 것이다.

여기는 도솔천이다. 미륵 부처님께서는 인간으로 태어나시어 중생들을 행복하게 거두어 주실 것으로 약속하셨고, 신라 사람들은 살아 있는 세상을 행복하게 해주실 부처님들을 우러러 신앙했으며 이 부처님들로 인해 남산은 부처님들의 산이 된 것이다.

빛깔있는 책들 103-7

경주 남산(둘)

글	―윤경렬
사진	―김구석, 윤열수
발행인	―장세우
발행처	―주식회사 대원사
주간	―박찬중
편집	―김한주, 조은정, 표명희
미술	―김병호, 김은하, 최윤정, 한진
전산사식	―김정숙, 육세림, 이규헌

첫판 1쇄 ―1989년 5월 15일 발행
첫판 8쇄 ―2004년 4월 30일 발행

주식회사 대원사
우편번호/140-901
서울 용산구 후암동 358-17
전화번호/(02) 757-6717~9
팩시밀리/(02) 775-8043
등록번호/제 3-191호
http://www.daewonsa.co.kr

이 책에 실린 글과 그림은, 저자와 주
식회사 대원사의 동의가 없이는 아무
도 이용하실 수 없습니다.

잘못된 책은 책방에서 바꿔 드립니다.

値 8,500원

Daewonsa Publishing Co., Ltd.
Printed in Korea(1989)

ISBN 89-369-0046-3 00980